一步万里阔

碳水的胜利

William Rubel

Bread

A GLOBAL HISTORY

[美] 威廉·吕贝尔——著

龙权文——译

中国工人出版社

图书在版编目（CIP）数据

碳水的胜利：面包小史 /（美）威廉・吕贝尔著；龙权文译 .—
北京：中国工人出版社，2022.6
书名原文：Bread: A Global History
ISBN 978-7-5008-7918-3

Ⅰ．①碳… Ⅱ．①威… ②龙… Ⅲ．①面包—食品加工—历史—通俗读物
Ⅳ．①TS213.2

中国版本图书馆 CIP 数据核字（2022）第 085952 号

著作权合同登记号：图字 01-2022-0879

碳水的胜利：面包小史

出 版 人　董　宽
责任编辑　董芳璐
责任校对　丁洋洋
责任印制　黄　丽
出版发行　中国工人出版社
地　　址　北京市东城区鼓楼外大街 45 号　邮编：100120
网　　址　http://www.wp-china.com
电　　话　（010）62005043（总编室）（010）62005039（印制管理中心）
　　　　　（010）62001780（万川文化项目组）
发行热线　（010）82029051　62383056
经　　销　各地书店
印　　刷　北京盛通印刷股份有限公司
开　　本　880 毫米 ×1230 毫米　1/32
印　　张　7.25
字　　数　100 千字
版　　次　2022 年 9 月第 1 版　2022 年 9 月第 1 次印刷
定　　价　58.00 元

目录

前　言

面包的种类十分多样，有扁面包、长条面包、油炸面包、豆沙面包、玉米面包……然而，当去商店购买面包当作晚餐时，本书的大多数读者或许都会忽略这些不同种类，直接购买长条面包。“面包”一词的使用具有广泛的歧义，让我们认为面包是食物中十分广泛的类别，同时又让我们觉得当提及桌上的面包时，所指的含义十分具体。当西班牙人看到墨西哥玉米薄饼时，他们会马上认出这是一种本土面包食物，但他们又不会将其归为面包类别。时至今日，生产玉米薄饼的墨西哥面包店——*Tortilleria*，在制度上与生产小麦面包的*Panaderia*面包店截然不同。在2000年前长条面包文化盛行的欧洲，人们谈及面包时会承认其他种类的面包，但坚持认为美学与健康至上的长条面包是白面包，这也是社会精英们所偏爱的种类。

在本书中，我会讨论两种观点，一种是认为所有种类的面包都属于面包的世界观点，另一种是认为只有长条面包才是真正唯一面包的严格观点。《牛津英语词典》是最权威的英语词典，其对“面包”一词的定义也在一定程度上体现了这种模糊性：

> 一种众所周知的食物，通过对谷物粗粉或面粉进行浸润、揉捏并烘焙所制成的，通常还会加入酵母。

对此定义的一种解读是，它表明了词典编纂人承认面包是一种文化客体，其含义对不同人来说也截然不同，因此无法细化其定义。《牛津英语词典》的定义表明，如果不在“面包”一词前加上限定条件的话，这就是人类学的范畴，而非词典编纂工作了。也就是说，文化习惯决定了含义，想要找出面包的确切意思，就需要明确是基于哪种文化背景下。

在《牛津英语词典》的定义中，将“揉捏”放在了中心位置。虽然通常来说，面包确实是用揉好的面团制成的，且为了便于理解，将“揉捏”放在其定义的中心位置确有道理，但有许多实例表明，用于生产产品的面糊也起到了揉捏面包的功能性作用，比如许多北美的玉米面包，明显不符合《牛津英语词典》的定义。布列塔尼的荞麦可丽饼（*buckwheat crêpe*）和埃塞俄比亚的英杰拉（*teff ingera*）在各自的传统烹饪文化中，都是扮演着揉捏面包角色的煎饼。虽然本书的重心主要放在揉捏面团产品上，具体来说是发酵的揉捏面团，但不会随意限制其定义的边界。

面包是一种概念，它不是由农民采摘的，而是由面包师生产的。作为文化的产物，面包这一概念并非是一成不变的。然而在实践中，虽说优质面包的决定因素会随着时间的推移而发生变化，但在过去的几千年里，欧洲关于面包的定义一直都非常稳定。欧洲烹饪文化认为决定是否称为面包很重要的几点在于，是否经过揉捏、是否经过发酵、味道是咸的还是甜的、面团制作还是面糊制作、厚度如何、大小如何、是单一的还是混合的。这些“界线”区分了面包与蛋糕、面包与薄饼、面包与煎饼、长条面包与圆面包。如果不考虑长条面包的形状这一决定性特点，并将发酵的和非发酵的扁面包都纳入日常食用面包的类别中，那么在那些面包占据了重要烹饪地位的每一种文化中，这些“界线”都具有十分重要的意义，同样此处不考虑地域差异。

本书介绍的面包是一种食物和文化客体。实际上，生活在面包文化中的我们，每个人都是面包专家，但并不是所有人都掌握了相关的词汇来谈论它。本书的目的之一是强调一种有关面包的思路，即意识到每块面包背后都会有一个不同层次的故事。面包与文化的关联实在过于密切，以至于人们发现在讨论面包时，会不自觉地进入一些历史和社会重大问题的讨论之中。面包有时就像一面镜子，倒映出一个人的形象、理想，甚至更多。比如，公司的晚宴为什么会特意选择某种面包？面包这个东西，美味又复杂。因此，要回答上述问题或许会关联到一个人的一生。

Bread

A GLOBAL HISTORY

1

面包早期发展史

我们尚不确定第一个制作面包的人是谁，但可以肯定的是，对于新月沃土地带及地中海沿岸的文明而言，面包支撑了他们的经济发展和营养摄取。在乌鲁克文明（兴起于约公元前4000年）以及其后的美索不达米亚文明中，面包的地位举足轻重；在古埃及古王国建造金字塔时期，古希腊和古罗马人民将面包当作主食；甚至到19世纪，英国和其他欧洲国家崛起成为世界主导国家之时，面包仍然是欧洲大部分地区的主食。时至今日，美国、加拿大、澳大利亚这样的经济强国也还是需要大量地进行小麦种植。

面包源于新月沃土地带，该地带以现在的伊拉克为中心，包括周边国家的部分领土，如阿富汗、土耳其、科威特、叙利亚、以色列以及巴基斯坦。正是在这里，在底格里斯河与幼发拉底河这两河流域之间的土

以楔形文字记载的食物供应，其中包括面包（左上角）。不难想象面包上也会印有楔形文字。伊拉克，约公元前3000年。

地上，诞生了世界上第一个城市文明，而面包奠定了其诞生的基础。

但是，面包的出现似乎要早于其成为主食。早在新石器时代革命以前，新月沃土的狩猎采集者开始圈养大型动物（如奶牛、山羊、绵羊），当时人们的主食来源是大片的野生大麦和小麦田。考古学研究表明，正是在这里，至少在2.25万年前，从这些野生谷物开始，从这些尚未学会种植作物、驯养动物、积累物质财富的人们开始，面包的故事或许就已经慢慢展开了。

人类牙齿和胃的特性决定了我们无法以吃生食存活，我们必须将谷物烹饪成食物。而要让谷物变得可口，最简单的方法包括使其发芽、发酵、烘烤、煮沸以及烘焙。比起直接食用谷物，研磨谷物并烘焙成面包大大提高了谷物的血糖指数，释放出原本无法摄取的碳水化合物。比起做成白粥或是发酵成啤酒，将谷物制作成易于储藏、方便携带的面包有着明显优势，这也成为粮食作物的首要用途。

左侧为古代农民种植出的免打谷去壳小麦，并沿用至今；右侧为单粒小麦，一种早期培育的带壳小麦，现在很少被商业规模化种植。

人们没有纠结于是谁在什么时候发明了什么，或是新月沃土的狩猎采集者到底更偏好哪种食物。近期的考古发现表明，系统地收集和研磨淀粉的行为可以追溯到农业成型的数千年以前。在加利利海旧石器时代晚期的奥哈洛二世遗址中，考古学家发现了一块距今约2.3万年的磨盘，他们在这块磨盘上检测到了大麦和小麦的淀粉微粒。该发现由考古学家多洛雷斯·皮佩尔诺发表，据皮佩尔诺推测，遗址内一堆具有燃烧痕迹的石头很可能是简易的石炉灶。

众所周知，制作面包需要足够硬的面团，以便在烘焙时吸入空气，这样它的切面才会有充气的面包屑[①]，而不是一整块紧密的淀粉团。在新月沃土，能够吸入空气且在野外就能收获的谷物有大麦和两种小麦，一种叫单粒小麦，另一种叫野生二粒小麦。我们推测，这些谷物就是人们今天所熟知的制作面包所需的最初原料。

---

① 烘焙用语，指面包内部的气孔结构。——译者注

“打谷场”，出自狄德罗所著的《百科全书》，
巴黎，约1770年。

不管是野生的还是早期人工种植的大麦和小麦都是没有外壳的，也就是说，这种谷物是被紧紧包裹在谷糠当中的，这样的结构称作“颖片”。去壳的小麦在经过打谷，脱去穗尖后，必须进一步加工处理才能从紧密包裹的谷皮里得到谷子，人们一般使用研钵来完成这一过程。等谷子与谷皮分离开，就用簸箕不断颠动，任风把谷皮吹走，就得到了干净的谷子，之后可能还会再用细筛或者手工处理剩余杂质。现代种植的小麦跟大麦（所谓“现代”只是相对而言的，毕竟它们也经历了上千年的发展）则是“免打谷脱壳”的，也就是说，谷子都是自动从穗尖脱落下来的。谷子一旦从谷物上脱落，只需要颠谷去皮，再简单筛选，就可以供磨坊制成粮食了。

磨盘在新月沃土农耕社会前的村落里十分常见，有多种用途，研磨谷物很可能只是其中的用途之一而已。史料记载与现代实践都认为，磨坊主通常是女性，她们手握椭圆的光滑石头，弯腰坐在一块扁平的长石旁，谷物就放在磨盘靠近磨石的一端，来回碾磨。在墨

一个正在研磨面粉的女人，古埃及古王国第五王朝，公元前2465—前2323年。

西哥乡下，当地女性会把玉米放在碱水里面煮，然后用一种石皿将其擀成玉米面团，最后制成墨西哥玉米薄饼。虽然磨盘的形状随着时间的推移发生了细微的变化，但我们普遍认为这种石皿与2万年前旧石器时代晚期的新月沃土狩猎采集者所使用的磨盘原理相同。

这种类型的磨盘叫作“马鞍形磨盘”，用途多样，功能广泛，即使是像我这样初次使用马鞍形磨盘的人，也能制出不错的粗谷粉。磨盘越硬越好，只要过筛条件允许，经验老到的人能够掌握谷物磨制后的不同细腻程度，不管是要研磨成做粥的糙谷，还是做糕点的细粉，都可以做到。随着磨盘从扁平磨石逐渐发展成棱角磨石，同时也由于冶金术得到发展，人们慢慢将磨石表面凿出起伏，以此提高研磨质量，马鞍形磨盘的研磨效率也得以提高。但不管是在哪个时代，人们只要坚持不懈，至少可以制出与现代精细全麦粉媲美的谷粉。如果满足一定的过筛条件，还可以进一步处理粗粉。甚至在人们挖凿磨石表面以提高研磨质量之前，磨坊主也会使用多个磨石或者多个上磨石（一种握在手里的磨石）来达到他们想要的细腻程度。

不过，高纯度谷粉和白面仍然是两个概念，白面给人一种精细、纯净的感觉，从谷物里提取出白面的过程十分复杂。麸皮和胚芽分别是谷子的外皮和发芽部位的颗粒结构，严格来说，想要把谷物研磨成最白净的面粉，就必须要粉碎这两种物质，再用有刻度的筛子和细布从研磨后的谷粉中过筛出淀粉。单粒小麦是一种早期小麦，β-胡萝卜素含量很高。因此，单粒小麦制出的“白”面也可能会是显眼的黄色。古代的谷物麸皮比现代的更易碎，所以很容易将麸皮一同磨成细粉。因此，早期的面包可能会比现在用谷物制成的面包更硬。这也就是说，一旦一种文化产生了提炼面粉以获取谷物精华的想法，精英们吃的面粉可能就要比其他人吃的面粉纯度更高。

不论是高纯度谷粉还是白面，都要比粗糙谷粉的时间成本更高。白面本质上是“浪费”的，因为必须将

出土自孟图霍特普二世之墓的面包店模型展现了研磨面粉的场景，第十一王朝，古埃及代尔埃尔巴哈里，约公元前2000年。

谷粉里的所有麸皮和胚芽都筛选出来，面粉才能达到纯白的效果。白面价格曾一度居高不下，直到19世纪爆发工业革命，谷物产量大幅提升，再加上辊磨机问世，廉价的白面才开始供应。工业化以前，购买白面一直是一种炫耀性的消费方式。在现代磨坊系统中，要获得白面只需要去除25%的谷物重量，而在工业化前，则可能要筛掉50%的谷物重量，甚至更多。这是由于农业产量时常与当地人口数量相矛盾。因此，我们可以推断，过去，在所有出现了白面的社会中，食物短缺几乎决定了只有精英阶层才消费得起白面，他们是唯一有能力浪费相当一部分谷物来制作面包的人。

发酵面包的方法主要有三种：将薄面团置于高温下使蒸汽在内部扩散；用乳杆菌（即酸面团）自然发酵；加入酵母进行发酵（几千年来，面包师从酿酒师那里获得酿酒酵母）。这三种方法都可以用于制作扁面包，但只有用酸面团或者酵母进行发酵才能制作长条面包。

酸面团酵头的制作方法从始至终都是一样的，通常是把自然发酵的面糊或者面团保温静置半天到几天。由于制作酸面团酵头唯一需要的是有耐心，这种发酵方法曾被第一批面包师们广泛使用。酸面团文化易于分享，因此也易于广泛流传。关于古代面包，还有一个未解之谜，那就是酿酒所用的酵母到底是什么样的，以及这对面包又产生了怎样的影响。德尔文·塞缪尔所做的古埃及酿酒考古植物学研究表明，在酵母成为主要的发酵媒介以前，啤酒发酵的菌群与酸面团发酵的菌群相似——发酵的主要媒介并不是酵母，而是细菌。因此，古埃及面包师从酿酒师那里得到的东西，可能会制作出一种类似于用酸面团酵头制成的面包。

在后来的某个时刻，由于一些未知原因，本是用于酿造葡萄酒和清酒的酵母担起了发酵啤酒的任务。从那时起，一直到19世纪晚期，面包师获取酵母的地方常常是在酿酒师丢弃的制啤酒沉淀物里，用酵母发酵面包的制作方法也因此依赖于酒精的生产。考古记载、历史文献及人种学记录都表明，酿酒师和面包师常常是在一起工作，甚至经常共用搅拌碗等器皿。到底是何人，在何时、何地使用了何种类型的酵母？要回答这个问题，我认为得记住几个前提：酸面团需要保温放置；啤酒需要有现成且可发酵谷物的菌群来源；人类拥有无穷的智慧。

面包的历史研究受宏观和微观问题的影响，而历史早期数据的缺失加剧了这一影响。宏观上来说，一旦我们理解了可用的谷物种类，明白了打磨、筛选和烘焙的技术，那么在笼统讨论何种面包可能存在的问题时，我们就有了足够的底气。但在微观层面，特定文化背景下的社会群体可能会在餐桌上摆放何种面包，以及他们又是怎样看待这些面包的，这些问题在历史上大多时期，特别是在古代，都是无从得知的。越是想要了解面包的细枝末节，越是会在答案中发现更多天马行空的想象。从食谱的角度来看，我们又怎么知道是哪个面包师烤出了哪种面包呢？

不过，我们还是需要搞清楚，新月沃土的狩猎采集者们食用的面包可能会是什么样的，这个问题有助于解答另一个更大的疑问，即他们的身份问题，同样也是我们的身份问题。对于我们这些更习惯使用厨房煤气和电气设施的人来说，将篝火用作做饭、烘焙的火源似乎不太给力，但事实上，篝火可以提供多种多样的烘焙方式——高温灰烬可以当作极其微妙的烤箱，根据食谱需求，在不同热力梯度下烘焙面包；余火可以当作煎锅，在短时间的高温下直接烘烤，扫去火后，暴露在外的地面温度较高，虽然提供的热量略低于余火，但会更持久。

在早期研磨和烘焙技术问题上，要注意最重要的一点是，并不能用原始工具直接推导原始结果。在粮食农业诞生的数万年前，就已经出现了雕刻精美的物件和高雅的画作，这证明即使是在粮食种植最早期的时代，面包制作也是有着无限可能的。面团可塑性较强，可以塑造成不同的样子。正如现代撒丁岛复活节面包，这些面包被雕刻得十分精细。早期的面包可能是小型雕像、艺术作品、致敬神灵、送给爱人的礼物或者给孩子的玩具。同样，日常食用的扁面包和复杂缠绕起来的酸发酵卷也易于制作。在其发展史最早期，面包不太可能成为主食。但这并不代表没有面包传统，也不代表他们想不出现代所没有的面包种类。

面包保质期短，很少有面包是从古代保存至今的，甚至从不久以前保存下来的也没有。因此，我们只能通过推测来判断它们过去可能是什么样子。从哲学或者调查研究的角度来看，与其关注最古老的面包是什么样子，并以此推定我们的祖先只是做到了最低水平，不如去辨别细微的文化差别，推测那些行为独特的人用他们的独创力与热情可以把（用于制作面包的）面团做成什么样子，这可能是更有效的方法。在前农业时代和后农业时代是否有艺术家面包师的传统？如果有的话，他们做出的面包又是什么样子的？农业诞生很久以后，我们进入新月沃土文明和古埃及文明有所记载的时代，面对完整的建筑和精致的物质文化，我觉得有必要弄清楚在这样复杂的社会背景下，面包师的成就有哪些。想想看，18世纪晚期的法国和英国，有人用糖制作出了结构复杂的建筑模型，这是创造力与绝佳技艺的体现。以我们对甜品或者餐桌装饰的理解是绝对无法想象出这样的作品的，这提醒我们不要把对古代面包的理解局限于我们现在所理解的面包。

我们无从得知为何新月沃土的文化放弃了狩猎采集（亚当与夏娃在《圣经》中的职业），转而投身于务农（该隐在《圣经》中的职业）和饲养家畜（亚伯在《圣经》中的职业）。从骸骨中发现的考古证据表明，狩猎采集者的身体更健康，同时也发现，发展农业，将面包作为主食，并非是每个人的最佳选择。18世纪晚期，卢梭曾认为采用农业制度就是发展奴隶制度。当然，在《旧约》与围绕第一代《圣经》展开的传统犹太传说中，农业的确不被看好。该隐是第一个农夫，同时也是第一个杀人犯，第一个向上帝撒谎的人，第一个城市建造者，而其劳动力都是被强制征来的。按照犹太人的传统，该隐也是引入度量衡的人，这代表人们之间存在信任问题。在犹太—基督教基金会的传说中，亚当和夏娃遭受驱逐离开田园诗般的伊甸园——一个为集会而组织起来的理想世界，而来到了一个农业劳动力以面包自给自足的世界。面包在创世传说中是主食，农业劳动本身是如此艰难，以至于后世始终将其视作严厉的惩罚。在从伊甸园放逐后（我们文化中对新石器时代革命的神话传说解释），亚当和夏娃及其后代均受到诅咒，只能靠自己的劳动力来换取谋生的面包。如果你曾见过自食其力的农民手握粗糙的木条或用马拉犁在田间劳作的场景，如果你曾见过他们手持镰刀收割小麦的场景，你就会明白何为艰苦的农作生活，也能体会作为主食与祝福的面包，自农业伊始至近现代以来，就一直是自食其力的农民的“诅咒”，他们以自己种的粮食为生，而粮食的生长却仅是人们将其制成面包的开端。

“新石器时代”听起来像是一个很复杂的术语，像是源于外来语的一种分类术语。然而，如果你去露营，或者在乡下与世隔绝的山谷里，找个简陋的房子住下，自己种菜，养一些动物，远离互联网，你就已经离新石器时代的生活不远了。虽然此前发掘出的少数新石器时代的面包做得比较粗糙，但我认为用少数的这些面包来推断整个新石器时代所有面包的情况，这种做法是不合理的。在压倒性证据出现之前，想要接近新石器时代面包的真相，我们就要摸清他们更为复杂的技术和精美的艺术，以此为我们创建一个更为完善的概念。新石器时代的欧洲生活舒适，2005年保加利亚杜博沃附近就出土过约公元前3000年用黄金和白金制作的合金匕首，如果他们在面包上投入的奇思妙想和精湛技艺，跟他们在这些更为精致的手工制品上投入的一样多的话，我们也理应相信，高端精致的烘焙制品至少是有可能存在的。

大约在公元前5世纪—前3世纪，旋转手推磨盘替代了马鞍形磨盘，即使在今天，拉贾斯坦邦的许多村庄还是使用旋转手推磨盘制取面粉，做成印度薄饼和煎饼。在拉贾斯坦邦，人们在要进行烘焙的当天早上，研磨出面粉，用粗滤网过筛，然后与水混合，揉成细盘状，放在陶土煎锅上，将牛粪点燃进行加热，直到面团成型；接着，将其移到余火上面，完成烘焙。使用煎锅非常方便，一开始就将面包直接放在余火上烘焙，效果也一样。在制作这种美味面包的技术中，没有什么是几千年前达不到的。至于发酵的长条面包和圆面包，人们不用找到圆顶的石窑烤炉也能证明这些面包的存在。一旦有了陶艺，任何面包师，只要有锅，都可以做出长条面包或圆面包。只需要将其放在锅中，然后把锅置于高温地面上并用余火围起来。伊丽莎白·大卫曾将这种烘焙方法称为20世纪早期英国的流行做法。

新石器时代与城镇化重叠，并随着城镇化进程而结束。最早的城市建于新月沃土北部，当时的人们以面包为生。普遍认为，大约在公元前3200年，在现在伊拉克的南部发生了一场农业革命，建立了由集中灌溉系统浇灌的长田系统，农业产量提高，得以积累足够的余粮，修建供成千上万的人居住的城市。余粮有助于实现工艺专业化，学者的观点得到了印证，人们有了粮食保障，除了种植食物外，还可以做更多的事情。

许多考古学家认为乌鲁克是世界上第一座城市，这座城市围绕着一座寺庙建筑群建造，当时人口可能多达3万人，人们以面包为食。寺庙组织进行灌溉耕作，管理劳工，收获种植的所有粮食，并将其重新分配给自己管控的民众。乌鲁克的主要谷物是大麦，在乌鲁克的盐土上，大麦比小麦生长得好。乌鲁克文化鼓励人们进行写作，因此，随着面包推动城市化发展，在历史进程中，有关面包的文字记载也是从这里展开。我们从乌鲁克的文学作品中了解到面包是他们文明概念的核心。在现存最古老的故事《吉尔伽美什史诗》（约公元前

新亚述洪水石碑，与《吉尔伽美什史诗》的部分叙述相关，石碑故事中面包占据了重要地位。伊拉克尼尼微，公元前7世纪。

2000年）中，正是因为食用面包与大量饮酒，使得恩奇都从野蛮暴虐变得文明有礼。宗教仪式强化了面包和酒精之间的联系。在乌尔第三王朝时期（公元前3100—前2900年），供奉神灵时经常如此说道："面包者，相美也；啤酒者，味佳也。"由于我写的是面包，而不是宗教，我有必要重申一件事，即有啤酒的地方（即使跟我们现在的啤酒不尽相同），就可以获取酵母，所以神灵也是有可能食用发酵面包的。我认为如何为乌尔的神灵制作各种各式的面包，这应该是当时的面包师兼诗人要考虑的事，而不是考古学家。

乌鲁克仅仅是一个开始。在尼罗河谷新月沃土地带的南部，城市化的力量在此聚集。美索不达米亚文明的物质繁荣程度越来越高，在后期，宫殿里还有专门生产面包的房间——古埃勃拉第二个千年宫殿允许至少15名磨坊工人一同工作。法国学者蒲德侯在耶鲁大学对苏美尔烹饪文献做了大量研究，多亏了这些研究，我们得知，面包曾是宫廷宴席上不可或缺的一道菜，而且

楔形文字石碑，记载了由特洛（古代的吉尔苏）女神鲍神庙提供的大麦供给。伊拉克，约公元前2350—前2200年。

面包还普遍与福运、富足和繁荣挂钩，《吉尔伽美什史诗》第11块石碑上的这句诗印证了这一观点：

他会给你带来财富的收获，

早上他会把面包撒下来，

晚上则是麦子！

不幸的是，我们没有相关食谱，也没有苏美尔宫廷面包的图片，只是能感觉到大麦和小麦面包的种类极其丰富，正如人们对这个有着复杂而精致的物质文化的宫廷所想象的那样。将面包置于筒状泥炉内侧面或是圆顶烤炉里面进行烘焙。有一种发酵面包的混合体，即将烤过、油炸过的面包与放了水果、油和蜂蜜的面包混合在一起。与我们现在相比，当时面包文化的一个显著特征就是盛行“模制面包”，即用模具制作的面包。考古学家发掘出了大量的面包模具，其中包括可以在面包底部印上图案的模具，或是将面包烘焙

亚述那西尔帕二世石板，公元前883—前859年。想象一下品质优良的大麦或者小麦饼干上印着这样精致的图案，就像德国姜饼那样。

出鱼类形状的模具，等等。实际上，要想知道美索不达米亚的面包可能是什么样子，实际工作中还需要对当时的技术、出土文物和文献进行大量研究。现有文献有限，时间线太长。因为黏土和紧密面团使用的铭文相同，所以我想或许会有面包，或者至少有饼干，上面写满了与祈祷、占卜、故事相关的文字。想想18世纪欧洲独特的糖艺雕塑盛行时期，以及亚述那西尔帕二世时期（约公元前883—前859年）宁录命人制作的浅浮雕，在国王远征狩猎时，宫廷面包师又怎么可能不会用面包制作出精美的浅浮雕来衬托国王的营帐呢？

在古埃及，就像新月沃土文明一样，面包和啤酒经常是一起出现，一起供奉神灵，也都是日常主食。面包虽然是主食，但这并不代表所有人都以面包为主食，也可能有很多穷人以粥或豆类为主食，只是说这种文化本身是将面包视为主食，并且所有负担得起的人都会经常食用。虽然现在埃及典型的饮食文化中已经没有了啤酒的身影，但面包仍然是埃及大部分人重要

剑士哈桑·沙卡尔,《居家烤面包》,14岁时绘,
埃及,约1980年。

的热量来源。

现存的古埃及面包制品，无论是从细节的数量上还是从质量上来看，都是无与伦比的。从古至今，论制作面包的巧思妙想，还是古埃及时期最多。木制的面包店模型保存至今，因此我们能够清楚地了解到面包生产中是如何布置设备、如何配备员工的。考古学家发掘出了许多烘焙作坊的废墟，发现了许多用象形文字记载的面包文献，还在尚未木乃伊化的遗骸胃中检测到了面包的痕迹，许多博物馆的密室中都摆放着干燥的面包，这些面包是供奉的祭品。然而，虽然我们从耶鲁大学苏美尔烹饪文献研究中得到了一些结论，但还是没有找到相关的食谱，甚至没有任何有关宫廷厨房中的面包的情况。尽管我们有这么多的画作——有关编织面包的、动物状面包的、金字塔形面包的、长条面包的、重达几千克的锥形面包的，等等（包括那些真正的干面包），但要研究古埃及时期的面包，即使拥有大量资料，除了其形状以外，也很难再有其他

面包师正在混合、揉捏面团，并将其放入面包模具中。新王国时期，第十八王朝，公元前1550—前1295年。

收获。一些考古学家已经开始着手进行试验，他们用古埃及时期的工具将二粒小麦研磨成面粉，再做成面团，然后打湿面团做相关研究。虽说我们对古埃及的历史研究已经卓有建树，但在多个方面始终处于生命中心的面包，对我们来说仍然是一个谜。

二粒小麦和大麦，在某种程度上，似乎都是古埃及最重要的面包谷物，直到约公元前300年，托勒密王朝时期，种植出了现代的硬小麦品种，一种叫硬粒小麦的免打谷小麦取代了二粒小麦。这对于想要复刻古埃及面包的人来说有一定帮助，但也可以说没有意义，因为大麦和二粒小麦的地方品种数不胜数。在这个高度重视食物的文明背景下，面包是一种地位较高的食物，所以几乎可以肯定，精明的面包师会从优质农场指定收购二粒小麦，虽说对于优质的定义千差万别。千百年来，某些地方的品种历经千秋，而在古埃及的历史进程中，面包中所谓的“最优质”的品质无疑也会经历无数的变化。

古墓面包的一部分，出自古埃及底比斯代尔埃尔巴哈里，新王国时期，约公元前1500年。

目前，关于古埃及酸面团的说法颇有些浪漫色彩。人们甚至可以在网上买到与吉萨有联系的酸面团文化。有些文化是自然发酵酸面团，有些文化则是在酿酒师那里寻求啤酒来制作酸面团，也不管啤酒中的细菌与酵母哪个占比更多，而古埃及是否会对前者文化有所敬意，我无从揣测，不过我认为，物质富裕、地位较高的古埃及人民肯定会对品质有更高的要求，不管他们是如何定义高品质的。

最耐人寻味的是古埃及的面包，在坟墓中发现时是以干燥的形式保存下来的。其中许多都是几何形状的，最常见的是三角形，但无论是哪种形状，这些面包通常都很紧密，面团不会在烘焙时出现明显膨胀，往往还会有一些麸皮，这说明都是用一种全谷物面粉做成的紧密面团。在烘焙过程中，对面包形状的塑造和把控似乎很考验面包师对这些面包的概念构想。成品面包的颜色或许也很重要，有些面包可能上过釉和颜色，所以才会在沙漠的阳光下发光。这些面包常见于精英古墓中，一般是用粗面粉制成，甚至是用含有谷壳和沙子的面粉制成，但这些面包与人们食用的面包有何关系，尚不得知。实验考古学家德尔文·塞缪尔指出，事实上还没有人从居民点遗址中发掘出过面包。

埃及语中也有一些关于面包的迹象，在象形文字词典中就可以找到。不过，对里面提到的面包我们还缺乏语境支撑。*Ta hari*意为“来自地下的面包”，该词表示的含义通常与排泄物有关，但我们无法得知该词到底指的是形状、颜色、形式、技术还是其他方面。而且，也很难解释“嫩面包”（tender bread）和“柔面包”（effeminate bread）是什么意思。其他指代食材的词汇，比如提及浆果时，可能还比较直接，但是“血面包”（blood bread）又怎么解释呢？到底是用血做的面包或是用血上色，还是蘸血食用的面包，又或是跟血有某种象征性联系的面包？目前为止，除了配方和用途，都无法解释。

埃及势力衰竭，希腊逐渐崛起。古希腊不像古埃及，有大量的面包制品，但我们可以读到有关面包的文学作品。从《奥德赛》（*Odyssey*）中我们了解到，每天都有研磨好的面粉送到奥德修斯宫殿里的居民们手上。当奥德修斯作为客人用餐时，我们得知面包是放在篮子里递给他的。因此，21世纪服务员提供的圆面包与3000年前的习俗和姿态得以联系在一起。希腊艺术，尤其是希腊雕塑，影响着我们的艺术传统，而古埃及的艺术却没有。从古希腊开始，我们就有了许多绘制在陶土上的可爱的素描作品，记录着人们的日常生活，比如面包师的小雕像，几乎都是风度翩翩的，这些作品似乎能捕捉到时间冻结瞬间的亲密感。这些雕像只有几厘米高，但其中许多雕像都描绘了一个场景——面包师坐在烤箱前，烤箱是打开的，并可以从下面或从内部进行加热，通常里面放满了圆面包，还会在面包师的脚边放一个篮子。巴黎卢浮宫内也有一座雕像，看起来就像相机捕捉到的一样。雕像描绘的场景是女性们站在桌子前，可能是在研磨面粉，旁边

推测为在长笛伴奏下研磨面粉的女性们。

古希腊底比斯，约公元前525—前475年。

有个人在用长笛吹奏音乐，为她们放松心情。通过这个场景，我们可以想象在一棵无花果树的树荫下，孩子们在嬉闹，周围有犬吠的声音，有鸟儿歌唱的声音，长笛的旋律盖过了研磨面粉的节奏声，到后来希腊干燥的空气中就开始弥漫着烘焙面包的味道。

虽说研究古希腊面包的种类仍是专家需要考虑的问题，他们需要对考古学、艺术、文学、人种学进行全面回顾，并辅以大量的想象力，不过我认为人们还可以从这些地方着手——火盆烘焙面包、蘑菇状面包、硬粒小麦、大麦、二粒小麦、白面包，并与全麦面包进行对比参照。

古希腊文化的影响逐渐扩展到了古埃及，随后，古罗马多年征战，建立起涵盖古希腊和北非的帝国。在古代后期，古埃及、古希腊和古罗马文化在各个方面开始交融兼并。也正是从这个时期开始，我们慢慢地发现了最早期对面包极具说服力的描述。这些信息是在阿特纳奥斯（170—230）所著的《智者之宴》

(*Deipnosophistae*)一书中找到的，这是一本有关食物的书，记录了宴席宾客间的一系列对话。关于大麦面包的讨论中，也许有夸张成分，但我仍认为这篇文章十分重要。阿特纳奥斯描述了一种简单的食物，是用谷糠填充的大麦面包，这种面包可能与埃及古墓中的面包十分相似。其中一位宾客波利奥克斯说：

> 我们二人分食一个大麦面包，加点儿混合谷糠，配上无花果，一日两餐。有时也会炖些蘑菇，有露水时，还可以抓一只蜗牛，或者吃点儿本地蔬菜、碎橄榄之类的，配点儿品质一般的红酒。

作为回应，安提法奈斯分享了自己的大麦面包故事。谈到另一种“满是谷糠的大麦面包”时，他解释说，吃这种粗面包，就感觉自己的“生活没有了温度、没有了乐趣”。换句话说，波利奥克斯和安提法奈斯显然都有过食用非常粗糙的大麦面包的经历（也有可能是为了攀比用餐习惯)，甚至还有醋酸面包。而那些只吃得起粗面包的人想必是不会这么积极地看待它的。基督教使用粗面包来代指圣洁，我想我们现在稍微有点儿头绪了。据记载，对早期基督教隐士来说，吃粗糙的棕色面包是他们精神净化的一部分。隐士圣保罗，也称作底比斯圣保罗(约345年)，他的许多画作都描绘过他在沙漠中生活并食用乌鸦衔来的面包的场景。这些画作描绘的通常是黑面包，要么是黑麦面包，要么是一种棕色的小麦面包。许多隐士为了追求一种没有温度、没有乐趣的生活方式，都会吃这种最粗糙的面包以责罚自己的身体。

在宏大的早期西方文明中，古罗马处于最后一个时期。79年，维苏威火山爆发，也正是因为如此，除了烧焦的面包以外，我们得以发现了更多的古迹。在一幅保存完好的壁画上，我们看见了一间古罗马晚期的面包店，柜台后面的货架上堆满了金色的面包，现在的人们也常进行这样的展示。很明显，壁画中的面包

圭尔奇诺，《隐士圣保罗》，约1620—1660年。

都是发酵面包。无论是用普通小麦面粉，还是像当今意大利普利亚人民做阿尔塔穆拉面包那样用硬粒小麦面粉，我认为现代人都会发现这些面包的重量跟现在的很相似，同样我们也会觉得面包壳嚼起来，或是面包屑吃起来的那种感觉，跟今天没什么两样。画中的面包感觉非常熟悉，这些面包散发的光芒好像横贯古今，归根结底，面包就是面包，面团中的化学成分也都是固定的。当时人们吃的和我们现在吃的不该有什么不同。那么，位于欧洲的古罗马帝国，人们吃的面包又是什么样的呢？简单来说，穷人食用的是坚硬的全谷物面包，也有用豌豆和蚕豆等豆类、橡子、板栗做的面包，或是用任何他们能讨到的具有营养、饱腹感强且价格低廉的食材做的面包。他们烘焙的方法有很多，有的放在烧完的灰烬里，有的放在煎锅上，有的放在被余火包围的陶罐里，也有的放在荷兰锅里——既可以把余火放在这种锅的锅底，也可以放在这种锅的锅盖上进行加热。而在上层社会中，他们的面包更像

出土于庞贝古城的一家面包店，烤炉中仍有
碳化面包，约1860年。

现代人所熟知的面包，更有可能是用烧柴的圆顶烤炉做的面包，这种做法也是今天城市里优秀手工面包师所采用的方法（最著名的莫过于巴黎的普瓦拉纳面包店）。当时烘焙面包所用的面粉原料我们都不陌生，有普通小麦、硬粒小麦、大麦或者黑麦，也有更古老的去壳小麦品种，这种品种作为农作物剩余物，广泛分布于一些对外交流较少的地区。优质面包基本上是用小麦制作的，比如白面包，或者一系列的强化面包，这类面包是用橄榄油、橄榄、无花果和拉东培根丁制作而成的，而且我们认为，在有利的气候条件下，有些面包还富含牛奶、黄油和鸡蛋等成分。阿特纳奥斯描述过一种重量轻、气孔大的面包，听起来跟今天非常流行的意大利恰巴塔面包十分相似，这种面包是用含水量高的面团制成，首次混合时呈面糊状。

16世纪和17世纪，在健康指南中讨论面包的作家，如托马斯·科根，他在描写他所在的那个时代的面粉和面包时参考了古罗马的分类法。比如，科根写

保存下来的碳化面包，发掘于庞贝古城某面包师的烤炉中，烘焙时间为公元79年8月24日。

道，英国一种叫作“芒切特”（manchet）的白麦面包就是古罗马一种叫作“*Panis siliginius*”的面包，因此将其与1200多年前的面包联系了起来。希腊医生盖伦同时也是欧洲近代早期以前最有影响力的作家，通过盖伦的著作，那些受希腊罗马世界影响的文化中有关面包的观点都传递到了我们现在的文化之中。不管怎么说，在盖伦及其后世作品解读者的笔下，有关面包的观点或多或少地都与我们今天从文化角度对面包的看法一致。白面包可以帮助解决便秘问题，但除此之外，白面包也比麸皮面包更受欢迎；而相比长条面包，扁面包要更受青睐；小麦比其他任何谷物都要更受青睐。对于人们选择上的偏好，医学上也有很多解释，这样的偏好与存在已久的历史先例相吻合。例如，相比生硬、颜色深且充满麸质的面包，有钱人更偏爱轻质的白麦面包，这可能也不只是巧合。

基督教是在古罗马的文化背景下形成的，同时也是当代十分常见的教派，其中面包的地位也举足轻重。

威廉·范·赫尔普，《帕多瓦的圣安东尼为众人分发面包》，约1662年。

时至今日，尽管在确切的阐释上存在分歧，但大多数基督教教派还是以各种形式将面包引入他们的教堂，且面包这一概念是基督教的核心。面包有史之初以来，对于依赖面包生存的民族来说，不论是宗教人士还是世俗人士，面包一直都居于他们生活的核心地位。从始至终，面包都不仅仅是一种食物那么简单，因此在本书第1章的最后，我希望以亚历山大·蒲柏在古罗马陷落1000多年后表达的观点来作结尾。虽然世界上的人们对神的理解，就像我们餐桌上的面包一样，截然不同，千差万别，但那些以面包为中心的文化，对蒲柏的《普世祈祷》（1738）诗文节选，他们应该会有所共鸣。

> 愿今日的面包与和平归于我；
>
> 阳光下的一切，
>
> 你都知道是否是最好的赠予，
>
> 让你的愿望得以实现。

一个女人正在准备面包，木版画，出自雅各·麦登巴赫的《健康花园》（1491）。

2

作为社会标志

白面包！轻盈！纯粹！令人垂涎！不过，19世纪磨坊工业化以前，白面包的价格十分昂贵。欧洲历史上，虽然有农民种植谷物，但也很少会有稳定的过剩小麦供应于制作白面粉；事实上，相对来说，甚至很少有人拥有能够生产纯小麦的优质农田，没有良田，也就没有消费白小麦面包的钱。一般来说，在人类社会中，如果有一样东西是人们都可望而不可即的，那么拥有这样东西便意味着拥有很高的社会地位。

面包在历史上如此活跃的重要因素有两个，都与面包的社会标志功能有关。一个是影响最大的因素，即只要是买得起其他面包的人，几乎都不会去购买穷人吃的面包；另一个因素则要更精致，即潮流因素。本章将重点介绍这两个因素中影响更大的一个，即精英食客拒绝购买穷人面包这一因素。这也是整本书的一

卢宾·鲍金,《棋盘静物》, 1630年。

个重点，因为这种拒绝态度有着古老的根源，而且在推动现代面包出现不同口味的因素中，包括多数黑麦面包和棕色小麦面包的配比问题，这种拒绝态度也是一个主要动力因素。

从前有一段时期，洁白如雪的长条面包是过着耀眼奢侈生活的人才能消费得起的商品，而本章则主要讲述那个时期穷人吃的面包。首先举个例子，只有用最精致的面粉制作的白面包才会像花朵一样在烤箱中绽开，就好像卢宾·鲍金在《棋盘静物》（*Still-life with Chessboard*, 1630）中描绘的那样，是其他事物与生活的浮华所作的对比。与这些诱人的洁白圆面包不同，勒南三兄弟在17世纪的画作，则侧重描绘围在个头儿不小的黑麦面包旁的朴实农民们。在18世纪的英国，最早预示了工业革命到来的一个迹象就是越来越多的小农场农民和工人抛弃了黑麦面包的饮食习惯，比如在1795年，英国政府进行农业考察时，就有农民表示自己更喜欢吃小麦面包。托克斯小姐是查尔斯·狄更斯《董贝父子》(*Dombey and Son*, 1848)中的一个可怜的马屁精，她很清楚一个人桌上的面包反映了其社会地位。托克斯小姐自负得无药可救，她早餐会吃法国圆面包，模仿比她高明的人，对那些面包"粗声粗气"，这也让她自己像个笑话。

作为食物，我们可以减少面包里的营养成分——每一口摄入的蛋白质、碳水化合物、卡路里。面包作为食物的故事远不如面包作为社会标志的故事有趣。对面包进行营养讨论分析实际上是在简化它，弱化了不同面包之间的差异性。举个例子，在当今英裔美国人的面包文化中，人们从商店货架上拿下来并装进自己购物袋的那些由工厂生产、软塑料包装的白面包，相比于由面包师傅制作、烘焙店店员从柜台里取出、装进纸袋后递给你的那些脆皮白面包，二者在文化上是截然不同的，但是从营养成分上来讲，二者区别并不大。虽说许多面包的营养成分可以从其他途径摄取，但其文化内涵却是独一无二的。最极端的区别就在于，穷人桌上的面包放到富人桌上大概也会显得格格不入，即使现在也是如此。评判面包品质的标准是什么？谁制定的标准？我们为什么沿用了这些标准？就个人而言，我喜欢这种面包的原因又是什么？

正是通过文化，我们将世界观传递到遥远的未来。喜爱优质的小麦面包似乎是一种普遍偏好——小麦成为世界上种植面积最大的单一农作物，不是没有原因的，同样，其大部分都被用作研磨白面，也不是没有原因的。在物质文化不那么丰富的时代，人们的第一笔财富往往是用于走出穷人面包世界，去购买社会精英的面包，这些面包更为精致，且以小麦为主。在18世纪的法国，这种现象成为旧制度所面临的一个问题——由于在白面的生产过程中不可避免地会出现谷物浪费，政府向巴黎提供的小麦与民众对白面包日益增长的需求很难匹配。在俄罗斯日益富裕起来的同时，黑麦面包的消费量开始下降，这表明，即便在今天，社会的富裕程度依然影响着对黑麦的拒绝态度。

16—18世纪，欧洲画作中所描绘的面包，常常将白面包与奢侈挂钩，把黑面包与贫困联系起来。如今，艺术家如果想要通过面包来展现英美家庭的社会地位，或许会在富裕家庭的餐桌上加入一块法式乡村面包或者意大利恰巴塔面包，在贫穷家庭中放一条工厂生产的切片面包。不管是以前还是现在，概括富人和穷人面包之间差异的一个方法是，穷人只吃便宜的面包，而在今天便宜的面包则变成了可以量产的白面包。但如果跳脱出来看现代面包文化，忽视我们看到的小麦面包之间的差异，在千禧年代，似乎可以清楚地发现，吃上国王的面包这一共同理想已经得以实现。

我们发现可以量产使用的面包配方最早可以追溯到近代早期（1500—1800），这也是工业革命颠覆世界的前夕。虽然说离我们很远，但我们仍然会对近代早期的写作、艺术、音乐和文学产生共鸣。美国最高法院对18世纪宪法的如尼文（runes）进行了研究。人们

路易·勒南，《幸福家庭》，又称《洗礼归来》，1642年。

今天钟爱的许多面包，比如经典的三明治白面包、法式长棍面包（以下简称法棍）、圆面包、布里欧修面包和法式乡村面包，都可以直接追溯到这一时期。虽然现在我们都吃得起这些面包，但在那个时期，这类奢侈面包还比较少。在欧洲大部分国家（在第4章讲述德国面包的部分，我将单独讨论一些例外情况）及其曾经所有的殖民地，高紧密度和深色代表着近代早期的穷人面包，其中包括全麦面包和纯黑麦面包，这两点正是多数面包师努力避免的。

在17世纪的英国，人们将一种用于饲马的面包称作马面包，在当时销量极佳。马面包是将麸皮和黑麦面粉混合在一起制成的扁面包，有时也会含谷糠、稻草和烘焙店里剩下的边角料。人们用这些面包饲养马匹，让马有力气从事拉马车、长途往返等体力工作。马面包的零售价由《面包法令》规定，普通人食用的面包的零售价也受该法令限制。不过，有迹象表明，穷人有时也会食用马面包，至少是含谷糠很少的那种，因为马面包的价格是最便宜的全麦面包的三分之一。马面包容易饱腹，18世纪的英国喜剧演员就提到过，人们在处境艰难的时候会食用马面包。我觉得用麸皮和黑麦（而非谷糠、稻草或是边角料）做的马面包，作为一种特色面包，还是很好吃的，但是要想知道把面包作为主食到底是什么滋味，你得连续数日每天都吃上1千克（2.2磅）的面包才行。

在现代最早的英语烹饪书《英国家庭主妇》（*The English Housewife*, 1615）中，作者杰维斯·马卡姆介绍了英国庄园中的面包配方，以及制作下层农场工人所食用面包的食谱，他称这些工人为“后仆”（*hind servants*）。马卡姆笔下的“黑面包”需要在干豌豆粉中倒入沸水，以减少其刺鼻味；之后将少量过筛的小麦粉、黑麦粉和大麦粉混合后加入其中，制成硬面团；再放到面团槽里自然变酸，然后就可以烘焙烤制成大面包了。这是一种紧密、味酸的面包，气味有些刺鼻。黑面包所用材料的粗糙及制作过程的随意，同主人餐

人类食用的马面包腐化后的样子，约1700年。

豌豆面粉与黑麦面粉制成的面包，配比见后文《英格兰埃尔姆斯韦尔的亨利·贝斯特的农场备忘录》（1642，以下简称《农场备忘录》）。

桌上的白面包，或是几乎所有人都有的品质略次的面包，形成了鲜明对比。

从这一时期的兽医文献中，人们可以对这种面包及其社会意义有更深入的了解。马卡姆是伊丽莎白时代后期的驯马专家，通过其相关书籍，马卡姆对驯马领域的影响延续了一个多世纪。特别值得一提的是，他还是一名研究赛马饲养和训练的专家。马卡姆饲养赛马用的面包是按照主人餐桌上的白面包的标准制作的。他给赛马吃的面包，没有给农场工人们吃的那些黑面包那么粗糙。他为赛马专门指定了最好的磨石研磨最纯的白面粉，用最好的酵母对面团进行精细加工；抑或使用蚕豆面粉（不是豌豆面粉，通常认为这种面粉属于次等、不健康的产品），马卡姆给赛马吃的面包十分美味。马面包的外层酥皮需要剥开，因为按照当时的医学思维来推测，人们认为这样会有助于消化。主人餐桌上的面包也会进行同样的处理，而给农场工人的粗面包则不会有类似的处理。相比于现在，当时的社会要更习惯于固定的社会等级观念，但即使是这样，看见自己桌上的面包还不如主人为马匹准备的食物，也一定会觉得很难受。

除了《英国家庭主妇》这本烹饪书以外，也有证据表明，马卡姆这种紧密、味酸、掺了豌豆面粉的黑面包确实是农村穷人吃的典型面包。亨利·贝斯特来自英格兰埃尔姆斯韦尔，1640年代，他写了一本《农场备忘录》，在其中描述了当地农民制作面包的原料（几乎可以在北欧的任何地方找到）：

穷人常把一小撮豌豆面粉和一蒲式耳黑麦面粉混在一起，有的人会把两小撮豌豆面粉和一堆混合面粉混在一起，据说这样可以做出“热情饱满”的面包。

“热情饱满”指的是“营养丰富”，而长期来看，也表明对劳动力有滋养作用，但人们认为，这些面包对久坐少动的精英阶层来说，却有害健康。第一个配方，将一小撮豌豆面粉和一蒲式耳黑麦面粉倒在一起，按照1∶4的比例混合。

面粉是将粗粉过筛得来的，通过过筛，粗粉逐渐变成洁白的白面粉。面包价格受到管制，英国面包相关法律较为典型，面包师在价格管控下展开工作，每块面包的利润都是固定的，且不受粮食价格影响。13—18世纪，面包店里的所有面包都受到《面包法令》管控，因此有关面包的创新和创意都来自私人面包师。面包售价固定：一便士、半便士、四分之一便士。因为面包的价格从来没有变过，几百年来始终如一，所以小麦价格的变动只会影响面包的大小。因此，小麦很昂贵的时候，同样价格买到的面包就比小麦价格低时买到的面包要小许多。但无论小麦价格如何，你可以花一便士买一个白面包，或是买一个全麦面包，或是买任何一个精致程度介于全麦面包与白面包之间的面包。一个人在社会等级阶梯往上爬（或是往下滑）时，就会影响其购买的面包大小，因为其距离理想白面包的距离更近了(或是更远了)。

在欧洲面包等级制度中,长条面包,不管结构如何,都凌驾于任何扁面包之上,包括灰蛋糕(在高温灰烬中烤制的小型扁面包)、煎锅烘焙的扁面包、煎饼和煮熟的谷物或粥。米勒令人回味无穷的画作《拾穗者》(*Les Glaneuses*, 1857),描绘了在麦田里搜寻麦子的女性,她们收集起小麦的总状花序,这些麦穗只能用来做水煮谷物或粥。这幅画与那些可爱香醇的白面包形成鲜明对比,不难意识到,那些白面包就是用这幅画背景里高高堆起的小麦制成的。

长条面包虽说是欧洲美食中的主要面包,这点毋庸置疑,但在欧洲有些地方,游客们遇到扁面包的概率可能更大。塞缪尔·约翰逊曾在其词典中指出了这一点,他将"燕麦"一词定义为"一种谷物,英格兰人广泛用于饲养马匹,苏格兰人则日常食用"。事实上,不只是18世纪的苏格兰人会食用燕麦饼。约翰逊曾指出:"在斯堪的纳维亚半岛、英格兰北部以及其他

立体照片卡上的大麦面包，约1910年。

阿尔弗雷德·瓦尔特·贝叶斯，《烘焙燕麦饼》，
蚀刻版画，约1880年。

地区，人们也会食用这种食物。”在夏洛蒂·勃朗特的《谢利》（*Shirley*, 1849）一书中，有一个颇有见地的交流，书中的法国家庭老师拒绝了“约克郡燕麦饼”，而对于房主人来说“粗实的燕麦饼可是如吗哪一般温文娴雅的习俗食物”。虽然这道本土料理通常是穷苦人家的饭菜，但在某些地区，当地的食物有时会被更富裕的人享用，就像勃朗特描述的那样。

如果仔细观察，不难发现欧洲扁面包传统零星地延续到了21世纪之中。最明显的例子就是工厂制作的扁面包，比如英国常见的苏格兰燕麦饼，来自斯堪的纳维亚半岛并广泛出口各国，以瑞典薄脆饼为代表的各种脆皮黑麦面包，以及发源于罗马尼亚地区，现在在意大利各地可见的皮塔饼（*lepinja*）。

尤其是在意大利，用于饱腹的扁面包摇身一变成为旅游景区的卖点。例如，在摩德纳上方的山区，传统新月形面包（*crescentine*）是在*tigelle*上烤制的一种扁面包。*Tigelle*是一种用余火烤热的瓷砖，用它制作的新月形面包在路边的餐馆随处可见，这些餐馆都会用显眼的招牌写着“TIGELLE”。然而，现在餐厅里卖的传统新月形面包都是在恒温控制的电烤盘上烤制的，配方上更多地借鉴了美国的速食面包，而非当地的面包。这个例子说明，就因为某个食物有个传统的名字，就推断这个食物就是人们所熟知的那种本土传统食物，这样下结论还是过早了。

制作皮亚迪纳扁面包（*piadina*）的意大利厂家在其网站上称，皮亚迪纳可以用于制作卷饼、开放式三明治、面包状三明治、将面包对折的三明治、比萨。然而，在欧式餐点中，扁面包通常不用于制作主菜，而是用于制作非正式午餐中的首道餐点。因此，生活在当今繁荣社会中的我们，重新构想了在从前普遍贫困的欧洲所食用的扁面包。

尽管繁荣的当今社会倾向于将所有扁面包同质化，但在欧洲，越是贫穷的地区，越有可能残存一丝欧洲扁面包原有的传统。卡拉索面包（*pane carasau*）

左图：由卡托巴谷历史烹饪协会制作的烤盘面包，位于北卡罗来纳州夏洛特市的詹姆斯·波尔克古迹，2003年。

右图：撒丁岛的卡拉索面包，一种传统扁面包。

属于意大利撒丁岛的本土食物，今天人们制作这种面包所使用的是优质的粗粒小麦粉，而就在50多年前，只有村里的神父或教师才会使用这种级别的面粉，其他人用的都是纯度较低的面粉，更久远以前还会使用大麦面粉。撒丁岛的酸面团酵头名气很高，不过现在的面包都是使用酵母制作。即使现在的面包跟以往相比更精致纯粹，但在味道上可能不如原来了。希腊卡帕多西亚的尤夫卡面包（*yufka*）、巴尔干半岛的皮塔饼，诸如此类的欧洲扁面包看似依旧符合传统，但我们在谈及这些面包时还需要注意，在那个面粉价格还十分高昂的年代，这些面包与我们今天见到的那些面包相比可能相去甚远。

煎饼也是扁面包的一种，在欧洲的一些地区，人们是将煎饼作为主食食用的，特别是法国的可丽饼和俄罗斯的俄式薄煎饼（blini）。尽管它们是当地贫困地区的主食，但可丽饼和俄式薄煎饼还是在酸面糊荞麦与早期黑麦的竞争中杀出重围，受到了精英食客们的青

左图：名为贾达维加的乡村女性正在制作俄式薄煎饼，立陶宛，1992年。

右图：手捧可丽饼拼盘（作为家庭餐点）的乡村女性，罗马尼亚德瓦，2004年。

睐。橘子黄油可丽饼(*crêpes Suzette*)是一道高奢甜品，它有一个广为人知的起源故事，据说是在1895年，厨师亨利·卡彭蒂埃为了纪念威尔士亲王而研制的。虽然这种说法不一定准确，但的确使平平无奇的可丽饼地位得以提高，并被端上了美好年代最豪华的餐桌。在现代，制作可丽饼时需要在洁白的小麦面粉中再加入丰富的奶油和鸡蛋。白面用酵母发酵，再配上鱼子酱，这依然是高端饭前餐点的主要支柱。

欧洲扁面包的一个特点在于用酵母发酵，作为布列塔尼主食的荞麦可丽饼也是如此。味酸、色黑、口感淡，这与香醇浓厚、味道清爽的白面包文化理念截然相反。20世纪，布列塔尼地区终于得到了一定发展。今天，布列塔尼的面包店和法国其他地方的面包店基本一样。人们爱吃小麦面包，大多都是白色的，然而实际上，不管人们在欢庆节日时如何热衷荞麦可丽饼，一旦他们有能力买得起白色扁面包，就会将酸涩的荞麦可丽饼抛之脑后。扁面包在欧洲面包历史中意义重大。

但凡涉及人类，故事就不会是三言两语能讲清楚的。随着欧洲社会取得了繁荣，在白色扁面包的事情上也出现了一些例外，不过这些例外都牵扯到一种文化试图重新审视面包及其意义，通常这种文化还会试图完善农民的食谱配方，使他们的面包更像白面包。在现代早期，包括黑麦面包在内，关于各种面包的卓越风味和保持品质的记载有许多，但在那些买得起白面包的人当中，对于黑面包，他们似乎跟今天的人们一样，更关心的是麸皮对调节肠道运动的好处，以及其营养含量。在近代早期的营养概念中，人们认为麸皮面包有助于减肥瘦身。这个世界向来不乏个性强烈的人，他们钟爱的食物也向来古怪。18世纪中期的农业作家威廉·埃利斯笔下有一位公爵夫人，她向来只吃全麦面包。但在大多数富人家中，在放满银器和塞夫勒瓷器的餐桌上却是极少出现黑面包的，黑面包通常是出现在不太正式的家庭聚餐上。

威斯特伐利亚的黑麦粗面包（pumpernickel）是黑

面包中最大最硬的面包，即使在18世纪的威斯特伐利亚，这种面包也是先切成薄片，抹好黄油，再送上最高端的餐桌。那些跟煤炭一样黑的都是穷苦农民吃的面包，如今得以出口的已经是改良过的版本，预先切好，装进精致的塑料包装里，作为餐前小食出售。换句话说，与其说这是一种饱腹食物，这更像是一种口味小吃。苏格兰的燕麦饼、德国以及其他北欧地区的黑麦面包，都在繁荣时期涌现了出来，这些面包都被灌输了文化意义，成为群体认同感的支柱。尽管如此，正如前面提到的撒丁岛卡拉索面包那样，今天人们所选的面包比起那些贫穷地区的面包，可能会更松软或者精致。

面包史上，颜色最白的面包总是比其他面包体型更小。面包中地位最高的都是烘焙成圆面包的形式，人们会认为这种面包才是劳动密集型的私人面包。从配方上看，白面包应当是“轻盈”的。地位越高的面包，也就越“轻盈”，这意味着它必须要有明显的气

印有图案的黑麦面包。

孔（孔不一定很大）和松软的结构。因为发酵时间与面包的松软度呈负相关，所以最松软的面包一定是酵母发酵，只有酵母才能快速发酵面团，理论上才能有最松软的结构。添加脂肪可以进一步软化面包结构，这也是为什么在近代早期的法国宫廷，制作女王面包（*pain à la Reine*）需要搭配使用酵母和牛奶。在18世纪末、19世纪初的法国烘焙文献中，人们认为这种面包属于当时称为时尚面包（*pain à la mode*）的一种，面包中加入了少量牛奶或黄油，并使用酵母发酵，这一传统由来已久。蒙特隆面包（*pain à la Montoron*）也是时尚面包的一种，在尼古拉·德·博纳丰的烹饪书籍《运动的乐趣》（*Les Delices de la compaigne*，1658）中出现。

一蒲式耳最白的面粉，取四分之一，加入两小撮新的啤酒酵母（如果酵母已经固化，可以少放一些），加入溶了一小撮盐的温水，以及三夸脱牛奶，制作出酵头；

约一小时后，加入剩下的面粉和所需的水，做出软面团；取出面团并放在小木碗中进行发酵，然后烘焙；烤好后取出冷却。整个过程大概需要一小时。

这个配方就是典型的奢华面包，跟亨利·贝斯特在同一时期的《农场备忘录》中提到的酸发酵的豌豆、小麦和黑麦面包截然相反。这就是用钱可以买到的最白的面包了，其洁白度，借用1616年以英文出版的《乡村之家》（*La Maison rustique*）里的一句话，那就是"白得跟雪一样"。通过使用酵母、柔软面团、快速发酵以及最少量的混合，作者博纳丰保证了面包的大气孔结构，质地松软，嚼起来不费劲。

在工业化前的英国和法国，还有一些面包配方是加入鸡蛋或黄油以添加少量的脂肪。18世纪的英国，有一种面包叫作"法国面包"，其配方通常也是如此。这种面包类似于托克斯小姐吃的法国圆面包。下面这个配方由威廉·霍华德在1709年发表：

取一夸脱面粉、三个鸡蛋、少许酵母和黄油，与少量新鲜的温牛奶混合后，放在炉边等待发酵；将面团分成多个小面包；在上面撒点儿面粉，然后放入烤箱中烘烤。

如果去掉鸡蛋，那么这就是一种基本的现代三明治面包；如果再按照配方说的那样进行烘焙，这就变成了今天犹太人的哈拉面包（challah）。值得注意的是，不管是霍华德还是博纳丰的配方，都没怎么提到生面团的加工问题。这是有意而为之的，这两种面包都是介于面包和蛋糕之间，现在的布里欧修面包也是如此。最少量的混合也是预先包装的工业面包的特点，其背后的原因也是相同的，就是可以使面包结构更为松软。

霍华德的配方堪比现代食谱中的面包配方。在将面团分成多个小面包时，不难发现这其实是圆面包的一种配方。霍华德的法国面包里包含了挥霍消费的迹象。这就好像是在说："我们有那么多的鸡蛋，不如把这些鸡蛋放到日常面包里吧；我们有那么多的时间，可以把面包做成小个儿的圆面包；我们有那么多的钱，还可以雇人来帮我们做。"我们吃这些面包，不是为了填饱肚子，只是单纯想要品尝一下而已。从某种程度上来说，这种面包是一种装饰品，就像17世纪荷兰静物画中所描绘的那样。银色配白色的圆面包，跟鲜花、牡蛎、亚麻布、反光材料搭配在一起，再加上有钱人家那富丽堂皇的餐桌。同时，我认为，古时候的许多面包在文献记载上都是富含了其他元素的，比如橄榄油和水果，这些很可能传达的都是同一个信息——放有这样面包的餐桌，其主人是以吃面包仅为享乐的人。

在19世纪口味民主化的过程中，由于大量欧洲农民涌入城市，进入上层社会阶级，处于社会阶层顶端的面包就变得司空见惯了。虽然现在有针对工厂松软面包质量的批判，但从深层次来说，我们的工业面包融合了至少几个世纪，甚至上千年来的面包理想。

甚至可以说，将这种面包从文化角度上批判为“零热量”，实际上也是其最大的胜利——其本质就是一种烘焙的文化标志，这种标志说明“购买这种面包的人，并不依靠这种面包生存”。

因为在工业面包的制作过程中存在着一些固有的捷径，即每一个面包都是由机器人制作的，而非手工塑造。这些面包与贫困人民的酸发酵面包和穷苦工人烤的大面包一样，都具有方便快捷的文化标志。在英国，虽说取决于具体的时代，但在烘焙店买到的黑面包可能重达9—14千克（20—30磅），甚至更重。在让·巴蒂斯·西美翁·夏尔丹的画作《市场归来》中，女仆端来的两个面包，其中一个又大又重，她只能先放在桌子上，然后再去偷听另一个仆人和门口男人的对话。正如英国烘焙法规中所提到的，面包体积越大，说明烘焙时用的面粉越不精炼。从这个面包的大小推断，烘焙时用的不是单纯的白面粉。

在生活中，要想找到一个实例，说明面包几乎纯

体积较大的面包，法国维拉尔达雷讷，2007年。

粹扮演着社会标志角色的话，最佳的场合就是在正式的宴席上。现代餐桌上的面包，确实是没有发挥什么食物作用，面包就是按照惯例存在的。餐桌上没有面包可能看着不习惯，但面包也不是这顿饭不可或缺的东西。如果你把餐盘里的东西都吃干净了，但却还没碰过面包，主人可能都不会注意到。一顿饭的淀粉摄入量都在盘子里，都在土豆、米饭和玉米粥里。你在挑选面包时越谨慎，说明食物就越少，也说明你更清楚，在你的家庭里，面包的主要功能就是食物；越是不需要它，它就越像一个晚餐摆设，而作为晚餐摆设，面包也能被解读为微妙的社会线索。这也就是下一章要探讨的问题——面包的层次与味道。从面包皮到面包屑，这都是由面包师进行处理的，而面包有着双重身份，它既拥有作为食物的特性，又蕴含作为文化客体所拥有的一系列信息。

3

碳水的风味

与所有的手工艺品一样，面包也受时尚的影响，而涉及时尚时，背景情况就是最重要的。在富裕国家，人们常将磨损、破旧的裤子同前卫、时髦联系在一起，而当这些国家的年轻人身着破洞粗糙的牛仔裤来到发展中国家时，情况却不一样了，因为当地的人们常将这些特征与负面印象联系起来。我们很少将面包与时尚联系在一起，实际上这二者应当联系起来进行讨论。

几年前，我出席了一场面包工作坊的国际会议，会议开始之前，主持人将从超市买来的面包扔进了垃圾桶。丢掉的那个面包属于工厂生产的面包——软绵绵的，外表白净，预先切片后装进包装袋。对于世界上数亿个家庭来说，这种面包质量还不错。但是，丢掉的那个面包并不身处这样的家庭之中，对出席会议的那群人来说，那块面包不仅是质量不够好的面包，而且连食物都称不上，根本就属于垃圾。

评判面包的标准并非是一成不变的。面包的各个方面，包括其形状、面包屑、颜色、口感，都是由面包师控制的。略微调整配方，比如在发酵的过程中，对面团温度做出改变，则会导致最终成品的改变。面包师会考虑其主要市场中社会群体的偏好，据此来发明他们自己的配方。对面包的研究之所以如此丰富宽泛，是因为所有的变量都汇聚交织在了一个成品面包里面，而此时，这个面包对于顾客来说，在某种程度上就代表了其对自己生活的自述，以及对自己的定位。要想理解这种自述，就必须要退让一步，不再将面包视作一种食物，而是以文化人类学家的视角将其视作一个客体。

在长条面包中，最大的构成部分是面包屑，或是其内部。一种文化如何看待面包，很大程度上取决于其对面包屑的看法，完美的面包屑决定了面包制作的各个层面，包括谷物的选择，谷物的精细度，发酵系统的选用以及配方的构成。制作面包所用的小麦之所以是世界上分布面积最广的农作物，而非大麦等其他谷物，正是因为对于完美面包屑的认知。面包屑中提供文化标志的主要因素在于其固有结构、轻盈程度（通过发酵所膨胀的程度）、口感以及颜色。

16世纪中期，托马斯·科根写了一本健康手册，名为《健康天国》（*The Haven of Health*），影响深远。其中，有一部分对面包进行了深入探讨，科根的介绍十分到位，他写道："理应轻盈，尽人皆知，其黏糊感已然不再。"科根所说的"黏糊"就是"黏性"的意思，是指紧密厚重的面包对消费者产生的一种令人不适的体液影响（体液学说，一种为当时医学提供了主要理论基础的学说）。紧实的面包、全麦面包和黑麦面包，烤出来的面包屑黏性非常高，尤其是黑麦面包，在科根写作《健康天国》时期，黑麦面包还是穷人食用的面包。

在烘焙过程中，用酵母发酵的白面包，其大小可以增加一倍或更多。出于麸皮以及除小麦以外的谷物

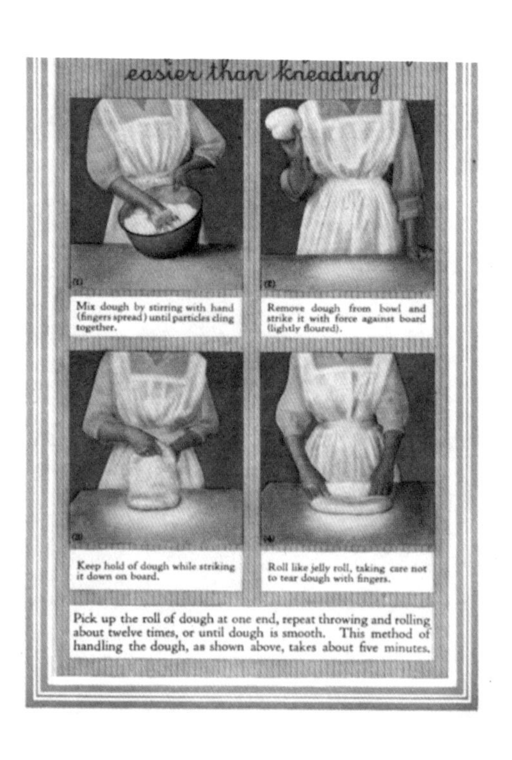

“弗莱什曼酵母：面包制作法”，出自《弗莱什曼食谱》，1916年。

的特性原因，配方中所用的麸皮越多，非小麦面粉就越多，那么其内部可以增加的层次就越少。尽管黑麦全麦面包从技术层面上讲属于发酵面包，但其在烘焙过程中增加的层次却很少。就其定义而言，这种面包不具备“轻盈”的面包屑。在上一章中，我假设了致使人们钟爱“轻盈”面包屑背后的原因在于，这种面包屑与穷人面包的面包屑有着天壤之别。

无论其潜在动机是什么，对“轻盈”面包屑的广泛偏爱推动了对小麦面粉和精制小麦面粉的需求；这一偏爱也推动了当今的研磨技术发展，得以生产超精细研磨的全麦面粉，从而使全麦和杂粮面包在重量上较以往要轻得多。人们偏爱“轻盈”面包屑，即使其颜色是黑棕色的，而这样的偏爱也促使现代工业面包师利用发酵面团在生物化学方面最新的研究，创造出全麦面包和杂粮面包的食谱，而且做出的面包质地柔软，虽说这种面包本应是紧实的。在大多数手工面包店中（德国和北欧黑麦带的国家除外），几乎没有百分之百的黑麦全麦面包，甚至没有百分之百的全麦面包，而这一现象的原因就在于其顾客十分厌恶“黏糊”的面包，也因为手工方法无法制作出“轻盈”的全麦面包。用粗面粉做出的面包比用细面粉更为紧实，而在现代烘焙行业中几乎未曾听闻有用粗面粉制作面包的。在很久以前，还没有像托马斯·科根这样详细介绍人们偏爱“轻盈”面包屑胜过紧实面包屑的文献时，人们错误地认为对“轻盈”面包屑的钟爱是出于小麦与优质面包之间明显的古老联系。

“轻盈”面包屑可以有良好的口感，很少的气孔，或者是开放式面包屑，气孔较多。这些气孔大小不一，直径甚至可以达到2厘米（约1英寸）；其结构也不一，有规则的，也有不规则的。人们的口味无时不在发生变化，在这一代人眼里制作精良的面包，可能就是下一代人眼里制作差劲甚至不受欢迎的面包，这一点既体现在面包屑的细节方面，如质地细腻还是粗糙，也体现在面包屑结构的细节方面，如孔大而不规则还是孔小而规则。第一个有迹可循的面包口味审美变化是在面包偏好上的变化，首次记录于17世纪，人们的偏好从英国的芒切特面包转变为软式法国面包。前者属于有着优质谷物面包屑结构的高品质白面包，这样的结构得益于高强度揉捏过后的硬面团；而后者则是有着在今天更受欢迎的开放式面包屑，其最极端的版本可能是有名的意大利恰巴塔面包，这种面包的气孔可以用大缺口来形容。这种转变需要时间，但很明显在17世纪和18世纪有所发生，法国尤其明显。如果在不同的面包店可以买到名字相同的面包（比如法棍），那么通过将面包屑的品质与面包店顾客群体进行比对，就可以大致把握现在面包屑的结构，以及当下的时尚细节。

口感上佳且颜色白净的小麦面包，由于制作方式不同，其质地往往都比较柔软，而带有开放式面包屑的面包往往比较有嚼劲。“柔软”和“嚼劲”这两个特点很受追捧。在英国、美国和加拿大，酸面团面包或

带嚼劲的面包屑，布满了大得出奇的孔洞，拍摄于巴黎，2006年。

柔软面包屑，布满了普通的小气孔，拍摄于巴黎，2006年。

是老面面包（*levain*）的传统不断扩展，而其背后的一个推动力就是一个日益增长的共识，即有嚼劲的面包屑品质更好，并且由于面包师处理酵母面团方式的不同，酸面团面包几乎总是比酵母面包更耐嚼。

另一个审美变化在于面包屑的颜色。由于使用的麸皮和非小麦谷物越多，面包屑的颜色则会越深，因此“白色”和“轻盈”这二者之间存在着微妙的历史联系。不过，由于在现代研磨实践和烘焙实践中，特别是工业烘焙的实践中，人们已经研发出了像白面包一样柔软的黑棕面包，“白色”和“轻盈”之间的联系已经不再那么强烈。我在查阅16世纪中期关于面包的文献时注意到，人们从未关注讨论过黑棕面包的颜色有多深，但常讨论的是乡村人制作黑棕面包方式上不起眼的特点，尤其是有关面包的密度和酸度。

相比之下，就白面包而言，其颜色纯度长期以来具有一种文化意义，正如之前对白面包不同颜色纯度的讨论那样。今天，英美烹饪精英们拒绝使用化学漂白过的白面粉，这促使手工面包师们在面粉配方中加入显眼的黄色成分，部分目的是让自己的面包能有别于那些面包屑白如雪的面包，后者长期以来都要更受偏爱。磨坊主根据所面向市场的不同，有意生产出具有不同纯度的白面粉。对于那些保留了麸皮的面粉，其区别在很大程度上取决于麸皮在面粉中的残留比例，以及面粉研磨的精细程度。

面包屑的上面是面包皮，这是面包不同风格的重要标志。面包皮从概念上看，是融入了面包屑的饼干，可以从厚实、酥脆到细薄、柔软。虽然从技术上来说，没有理由不能把细薄柔软的面包皮与有着开放式面包屑的耐嚼面包组合在一起，同时也没有理由不能把厚实酥脆的面包皮与有着细腻柔软面包屑的面包进行搭配，但就目前的习惯而言，厚实酥脆的面包皮往往是在耐嚼的开放式面包屑上，细薄柔软的面包皮往往是在口感细腻的柔软面包屑上。

颜色是面包皮的一个重要品质。小麦白面包的外皮颜色各不相同，可以是近乎白色，也可以接近焦黄色。在法国的众多人口中，人们更喜欢外皮近乎焦黄色的面包，因此面包店卖的面包都是烤透了的面包，而这些面包在大多数其他国家都是卖不出去的。像之前提到的那样，在16世纪和17世纪的欧洲大部分地区，精英们更希望自己上品的面包有着颜色较浅的面包皮，所以面包师们会制作一种能在烤箱里像法棍一样膨胀的面包，不过其颜色又比较浅，如鲍金在《棋盘静物》中画的那样。

在19世纪的美国，许多食谱都建议面包师用水冲刷新鲜出炉的面包，以确保其外皮柔软。几个世纪以来，实际上一直到现代，欧洲许多的精英都偏爱那种在上桌前就已经被削磨掉外皮的面包，而面包只有在趁热的时候才能进行这一操作。在20世纪初的一份磨皮圆面包食谱中（见本书第216—218页），面包师需要先将面包皮磨掉，然后再把圆面包放回烤箱里。这一做法是否标准，我无从得知，但其效果却很惊人——一种表面有纹理的苍白色面包，咬下一口，感觉异常地奇妙。在17世纪，被削磨掉的面包皮是许多食谱中所需面包碎屑的来源。削磨掉外皮是为了长期久坐的人，通常认为他们很难消化掉面包皮，不过面包皮对工人来说却是个好东西。面包皮还有着其他的影响：著名的《乡村之家》（1616）认为面包皮对这些精英食客来说是十分"忧郁的"（melancholic）。到了19世纪初，对于面包皮是要被削去还是要被磨掉这一问题，至少在一定程度上，像之前提到的那样，根据对外皮颜色的审美来进行决定。

新鲜是面包本身的品质。历史上，从未有人趁热食用过面包，而且事实上，现代以前的健康手册都认为，面包应该在烘焙后的第二天再吃。面包在冷却以前都还在发生着快速的化学变化。哈洛德·马基的著作《食物与厨艺》（*On Food and Cooking*, 2004）影响深远，正如他在书中观察到的那样，面包需要一天的时间才能稳定下来，并且才会达到切片的最佳状态。如果在烘焙后搁置而不切开，几天后，黑麦面包的风

黑麦面包的面包皮。

味往往会提高不少，许多白面包的风味还会有更大的提高。法国伟大的面包师莱昂内尔·普瓦兰来自巴黎普瓦兰面包坊，对于其最著名的米利面包（*miche*），他建议要放置三天。因此，在一定程度上，新鲜度与味道之间是呈反比关系的。

面包的变质是由于面团内部的复杂反应。这些反应的发生是水分从淀粉颗粒中迁移到了面包结构中的其他部分，以及通过蒸发致使面包干化引起的。变质面包的气味也会不一样，但在一段时间内，许多面包会产生一些其他令人愉悦的香气取代“新鲜”的气味。圆面包以及外皮酥脆的面包，比如法棍，都是在冷却后才会达到其最佳的状态。

将面包加热到60℃（140℉）可以转变这种变质，放在烤箱中重新加热或用面包机烘烤都可以。用这两种方法的话，面包都应该趁着还温热的时候食用。面包机烘烤加热的同时，还能让面包变得酥脆，这也为面包增添了独特的风味。需要用面包机烘烤的吐司面

燃烧中的面包烤炉，法国维拉尔达雷讷，2006年。

包与英国的面包文化联系密切，因此，人们往往会发现，在英国和英国人定居较多的国家，对面包会有更热烈的追捧。

历史上，家常面包（而非用于高级晚宴的圆面包和精品面包）通常每两天烘焙一次，有时频率甚至更低。还有一些乡村面包，传统上一年只烤一次，比如法国阿尔卑斯山脉地区一种称为煮沸面包（*pain bouilli*）的黑麦面包。对农民来说，食用各种不新鲜、变味的面包已经是家常便饭了。处于不同变质阶段的面包，其用途也不同。面包可能由于变质硬化，以至于其切下甚至是砍下的面包片必须要先浸泡在水里，然后才能食用。社会精英负担得起频繁地烘烤面包，或者有钱在面包师那里购买新鲜的面包，因此变质面包也获得了其自身的社会标志。我亲自做过一次实验，我先让面包变质到完全干燥，然后再泡在水中进行再水化。令我震惊的是，再水化的面包味道很棒，尤其是黑麦面包，我现在很期待能再吃到再水化的面包。对于面包，如果秉持不浪费就不需要消费的态度，这本身也是一种文化态度。在我们这个时代，越是重视做实事且坚持节约粮食的文化，就越是能接受变质甚至发霉的面包。以前，在立陶宛的一个宴会上，他们给我上了发霉的面包，而当我指出那个面包发霉了的时候，所有人都以一种怀疑的眼光看着我。在20世纪90年代初，日子是多么的贫困匮乏，因此一点儿霉菌并不会阻碍人们吃完一块面包。我在法国朋友家里吃饭的时候，他们常会拿出过期很久的面包来招待我，比如法棍。这或许说明，在我们祖先的记忆中，面包作为食物的特性远比新鲜美观更为重要。

公众对"新鲜"面包有着至高无上的文化兴趣，尤其是不能容忍任何程度的变质的美国，这也推动着工业面包行业在面包中添加一些成分，以此让顾客购买的面包在柔软度上可以保持数天，甚至数周，从而在超自然的春天能够展现出新鲜的文化标志。

面包皮只有在新鲜烘烤的时候才会酥脆。热衷法国面包潮流的烹饪精英们同样钟爱脆皮面包，毫无疑问，这在一定程度上也是在抵制看似新鲜的工业面包；不过，这种偏好也以其独特的方式成为对绝对新鲜的追求，因为面包皮是不会长时间保持酥脆的，保持不到一天。因此，讽刺的是，酥脆面包皮与柔软的面包有一点是相同的——新鲜。

影响面包风味的因素有很多，包括谷物收割后放置的年份，谷物的品种，研磨的精细度以及面粉的新鲜度。而将这些因素叠加在一起，就是发酵所产生的风味和面包师对面团的管理方法了。在解构面包风味时，我认为最好是专注于与小麦白面包相关的不同风味范围。同样的基本款风味在所有的面包上都能找到，不过在白面包中则更为明显，因为它有一种潜在的中性味道，就像白米或白薯都有中性味道一样。面包师可以在发酵过程中控制白面包潜在的中性味道，可以从中性到微甜，再到酸，或是从完全不酸到非常酸。

在高级宴席上，每道菜都是根据不同口味、颜色和外观精心制作的。面包这种碳水化合物虽然不是热量的主要来源，但每道菜都必须有它，同时又不引起任何人的注意。因此，人们通常会更欣赏中性风味，这可能是小麦白面包长期占据正式宴席主要位置的一个原因。

即使不添加任何糖分，（用于制作面包的）面团也可以做得略带甜味，虽然如此，但100多年来，英美两个国家的白酵母面包中通常都添加白糖，其中美国面包的含糖比例最高。最初是在19世纪，商业面包师首次在面包中加入白糖，他们将其用作面团柔顺剂（食糖可以软化面包屑）。钟爱带有一丝甜味的咸面包，即使只是潜意识的偏好，这也可能是现在咸面包中要加糖的原因。20世纪，美国人几乎普遍偏爱有淡淡甜味的面包。以《塔萨加拉面包书》（*Tasahara Bread Book*，1970）为例，这本书流传广泛，且在其他方面具有深远的反文化影响，而在书中就是使用蜂蜜来代替白糖。到今天，这本书成为美国嬉皮风格面包师制作全麦面包的圣经。法国的面包从来不加白糖，这反映出了不同的文化偏好，同时也反映出英美国家的一种文化偏好，现在这种偏好也一起接纳了法式的面包。

人们向来不喜欢面包中的酸味特征。18世纪的法国作家，如保罗·雅克·马鲁因、安托万·帕门蒂埃等，他们都曾明确表示偏爱非酸味的面包。美国19世纪的食谱经常建议添加苏打水之类的碱，以此抵消掉使用了酸性酵头制作的面包中含有的酸味。直到今天，虽说法国大多数手工烘焙的面包都是用老面酵头制作的，但这种面包很少有酸味，这与英美国家的手工烘焙面包在风格上形成了鲜明对比。现在，在这两个国家中，尤其是在美国，酸味是一种不受欢迎的特性。巴黎普瓦兰面包坊烤出来的乡村面包享誉世界，但对于美国人来说，味道还是平淡了些；而对于法国人来说，大多数美国的老面面包，其味道都过于酸了些。

盐是大多数现代面包不可或缺的一部分，因此很难让步将盐本身视作一种衡量口味的参数。但情况确实如此，大多数现代小麦面包中都含有大量的盐，面粉中的含盐量通常在1.5%—2%，有些面包店的含盐量甚至高达3%。尽管我们往往注意不到，但咸味是现代面包的主要风味之一。在同行评议的出版物上可以查到规范的文化价值观，科学家们所使用的面包配方中规定的含盐量，通常在1.5%左右。

1550—1800年，英国和法国的食谱基本上是不使用盐的，或者用量少到根本无法察觉。咸味面包第一次被提及是在兰德尔·科特格雷夫的法英词典中，其中还提及柔软面包（*pain mollet*）。柔软面包与今天常见的白色法国面包十分相似，由面团制作的面包之所以较为柔软，是由于其含液体（通常是水）的比例较高，因此也得以呈现出较大的“眼睛”（气孔）。食盐在面包中起着重要的技术作用，收紧面团结构，使湿面团得以呈现出“大眼睛”，从而将咸味面包与柔软面包联系起来。食盐还有助于让面包皮呈现焦黄色。但是，现代面包食谱中的盐含量往往会超出面包工艺方面所要求的含量。我推测，这在一定程度上是对公众越来越习惯食用咸味食品的迎合。

托斯卡纳是欧洲唯一习惯食用无盐面包的地区，可以猜测，前往托斯卡纳的旅行者几乎都会不约而同地表示当地的面包味道“很差”。将食盐从面包配方中删去以后，成品面包的味道就变得平平无奇。无盐面包的确是一种微妙的食物，一旦习惯了吃无盐面包，就可以品尝得出面粉的味道以及发酵的细微差别。在我自己进行的实验中，我发现用新鲜研磨的面粉制成的面包不需要加盐。在我所提到的那个时期，面包食谱中都不放盐或只放少许盐，面粉在研磨后就立即使用；而在今天，人们特意将面粉放置至少六周待其成熟，同时几个月内甚至更久都不会使用。在现代食谱中，盐的一个功能可能就是弥补氧化和变质面粉丧失的风味。

发酵，是将面团转化为面包的一个过程，是不同发酵方法产生的结果，也是面包师处理面团的方式，而处理方法的不同也决定了最终产物的基本结构及其风味。如第1章所述，面包的发酵方法主要有三种：以蒸汽的扩散为基础（针对薄面团）；以自然发酵为基础（针对酸面团面包）；由面包师加入酵母。尽管这三种方法都可以用于制作扁面包，但长条面包只能通过酵母或酸面团进行发酵。一直以来，酸面团的酵头是通过自然发酵来获取的，一般情况下都是直接将面团放在室温下直至其变酸。直到19世纪晚期，人们都是通过收集啤酒生产过程中扔掉的沉淀物来获得酵母，并用于制作面包。历史上的各个时期，总会有社会群体十分重视使用的是哪种发酵方法，是仅使用了蒸汽，加入了酵母，还是使用了酸面团。从19世纪开始，像小苏打（碳酸氢钠）这样的化学发酵物被面包师广泛应用。爱尔兰的苏打发酵面包远近闻名，但这只是个例外，欧式面包多是用酵母或酸面团酵头进行发酵的。

如果仅使用蒸汽这一发酵面团的方法，那么就只能在高温表面上进行扁面包的烘烤，例如在余火上

约阿希姆·博伊克雷尔，《四元素：空气》，1570年。
请注意右下角的面包。

或者高温烤炉中。犹太逾越节薄饼和印度北部的麦饼（chapatti）就是蒸汽发酵面包的典例，至少这两种面包在村子里面是这样做的。必须把面团放在至少400℃（752℉）的表面上烘烤，才能快速产生足够的蒸汽，得以使面团发酵。除非是用针将其刺穿，就像高加索的人们制作印度麦饼和多数扁面包时那样，否则死面在烘烤时通常会胀成很大的圆球，这也就是为什么皮塔饼看起来就像口袋一样。然而，大多数扁面包会更加依靠酸面团或酵母来发酵，或是将酸面团与蒸汽法结合起来。像可丽饼或薄煎饼这样的面糊面包，如果不发酵的话，其内部就会变得黏糊糊的；而灰蛋糕，除非是做得特别薄，不然就会是特别难消化的硬块。斯堪的纳维亚半岛的脆饼面包（cracker-breads）酥脆可口，之所以会这样，是因为在发酵时释放的气体会在面团上留下很多细孔。

根据其定义，相比扁面包，将谷物烤制成长条面包当作生存食物这一方式更为有效，因为人们可以在

冰岛圣诞传统食物，圣诞薄脆饼（*laufabrauð*）。

较大的传统石头上，或是在黏土烤炉里一次性烘烤多个面包。就算是大型烤炉，一次往往也只能烤一个扁面包，最多两个。由于欧洲大部分地区木材充足，所以加热大型的面包烤炉也是可行的，而且气候条件也适宜，通常可以让面包在切片后还保持新鲜，时间长达几天甚至几周（如果是在冬天冷藏，甚至还可以长达几个月），也难怪西欧人民会把长条面包当作主食。蒸汽法对面粉的影响最小，因此如果想要突出新鲜面粉的纯净味道，蒸汽法发酵自然是首选。但扁面包是没有内部层次的，完全是“轻盈”这一特点的对立面，而早期的健康手册将其污名化为不健康的食物。至少在2000年前，蒸汽法发酵是欧洲精英面包文化所拒绝的一种衡量口味的参数。

酵母是一种单细胞真菌，在代谢糖类时会产生二氧化碳气体，而在这一过程中所捕获的气体会在面包内形成气孔，17世纪的人们称其为“眼睛”。这种酵母还有很多其他的功能，比如酿造酒精或者产生酯类，后者也就是味道的来源。用于酿造啤酒和葡萄酒的酵母则可以用来制作面包。19世纪晚期，工厂也开始生产酵母，此时现代面包酵母的种类与啤酒酵母开始产生了区别。如今，人们将作为面包酵母出售的酵母菌株用于天然气生产，因为从酵母面包文化上来讲，比起使用其他酵母菌株而可能产生的微妙风味来说，“轻盈”这一特点要更受青睐。

从历史上看，人们早就认识到酵母可以生产更轻盈、柔软的面包，这就是为什么诸如18世纪和19世纪的奢华面包之类的那些精英面包，比如女王面包、塞戈维亚面包（*pain de Segovie*）、蒙特隆面包，全都是酵母发酵面包。

盖伦，希腊罗马作家，他的健康理念主导了欧洲的医学与营养学方法论将近1400年。比起酵母，盖伦更偏爱酸面团，他声称酸面团更健康。直到17世纪末，巴黎的面包师收到一项禁令，禁止面包师使用酵母来制作面包，理由是认为酵母并不健康。这些面包师的法律异议以失败告终。虽说有精英面包的存在，但18世纪大多数著名的法国面包作家在作品中都表达了自己并不喜欢酵母，其中就包括马鲁因和帕门蒂埃。老面面包仍然是法国面包店中发酵面包的主要风格。随着大量以英语为母语的手工面包店都采用了老面面包，人们对酵母产生了不信任。在我家附近的一家杂货店里，酸面团面包的包装上都高傲地做了这样的标注——“纯天然，不含任何人工酵母”。

顾名思义，酸面团就是酸的面团，将面团（面粉和水混合）放在室温下，这样面团就会开始发酵。将面粉和水混合成面糊，并放置在室温下，这样也会变酸并在几天内开始冒泡。细菌和酵母将在面糊或是在剩下的面团中以大约100∶1的比例进行繁殖。面团上繁殖寄生的这些细菌和各种酵母会以一种共生关系消化糖分，并在此过程中产生二氧化碳，也就是像酵母面包那样，气体被捕获到面团结构中，并使制作长条面包成为可能。在酵母发酵过程中，人们可以做出一

“华纳的安全酵母”，美国集换式卡片，约19世纪末。

种中性的、有甜味的面包，尤其是使用黑麦面粉的时候，还可以做出有酸味的面包。

从历史上看，在英国，酸面团面包总是与贫困有关，因为任何有条件的人都可以使用酵母来制作面包，要么是因为他们自己也酿造啤酒，要么是因为他们有能力从啤酒酿造商那里购买酵母，因此可以得到最轻盈、味道最甜的面包；而在法国，人们则很少酿造啤酒，因此人们通常需要使用酸面团进行发酵。即便如此，有酸味的酸面团还是代表了贫穷和乡下气息。通过已出版的法国食谱，我们可以看到，精英家庭就跟现在法国的面包店一样，都会对老面面团进行妥善管理，因此面包不会变酸，而用酵母面团制作的面包与这些面包已经几乎没有了差别。在酵母随处可见的今天，很大程度上，对于发酵方法的偏好无疑就是一个时尚问题。

面包是一种复杂的产品，以至于无论是从食谱还是从其他因素来看，决定人们对面包的偏好方面几

煎饼面包（*Pan Picado*），马德里安达卢西亚。

乎没有限制。例如，“天然”或“传统”之类的概念则与积极的文化价值绑在了一起，而“非天然”或“非传统”的面包则背负着消极的价值。很少有人愿意吃发霉的面包，但丙酸钙（一种抑制真菌生长的盐）却只在工业面包中使用。如果烹饪精英们更看重人类创造力的文化价值，而不是“天然”面包的概念，那么手工面包就可以开始扩充其成分表了，比如加入防腐剂。一些购买者希望面包所使用的面粉都是“有机”的，即使实际情况是使用相同量的有机和非有机面粉所制成的面包，其味道和营养质量都是一致的。而面包制作的复杂性也使其融入文化的方方面面，因此这一成分表的添加还没有结束。优质、劣质以及平庸，这些都是对面包做出的判断，而这些判断也不可避免地取决于时间、地点及社会阶层的影响。面包是个有趣的故事，因为事实的确如此。一起对桌上的面包进行争论和批评总是很有意思，但一旦我们后退一步，用历史学家的眼光去看待面包，支撑我们判断优质、劣质或是平庸的那些品质就会变得越来越随意。不管在什么时候、什么地方，唯一永恒不变的品质是由当地习俗决定的工艺问题。如果某种面包因为具有某些特性而被认为是最优质的，那么，就工艺而言，它就必须要有这些特性。如果面包皮必须是深色的，而某个面包并非如此，那么这就是一个劣质的面包。无论一个人身处怎样的时期和群体，最优质的面包应该是仍然可以满足他们的口味的。

Bread

A GLOBAL HISTORY

4

面包的奇异游记

食物也是会周游世界的，它们向来如此。虽然跟以往相比，现在食物出游的速度看起来要快得多，但其旅行的基本实质是不会变的——食物作为美味菜肴在世界观变幻无常的情况下穿行各地。世界各地的人们喜欢吃法棍，后来又迷上了意大利恰巴塔面包，这样的广泛选择背后有着更多的观念，最明显的就是，人们认为晚宴中有外国食物会是一件好事。

没有什么比赤裸裸的殖民主义能更迅速地重塑世界观，同时重建当地的面包文化。来自西班牙、法国和英国的欧洲殖民将面包传播到他们各自的殖民地。因此，在墨西哥和南美，小麦面包随处可见，其中许多面包与伊比利亚半岛有直接关系。柬埔寨的街道上都是圆面包的叫卖声；用模具做出的小麦面包在整个英联邦的面包店里均有出售。新殖民主义在世界范围内的军事和经济力量增长迅猛，这提供了一个典型的现代例子，有一种发酵过的面包在全球范围内得到迅速传播，这种面包就是美国的汉堡包，几乎在眨眼之间就传遍了全世界。目前欧洲风格的发酵面包传播到亚洲，这也是一定程度上饮食口味的变化，虽然看起来其背后原因好像在于和平建立的贸易路线，以及现代大众传播的便利性。然而，尽管在面包的世界中有一定的国际同质化情况存在，尤其对于一些世界公认的面包来说，例如法棍和遍地都是的工厂三明治面包，但即使是这些面包，在它们跨出文化边界时也很难保持不变。柬埔寨的圆面包是不加盐的，这使其在潮湿的气候条件下也能保持酥脆；在北美，那里的英国三明治面包会加更多的糖，尽管这样的味道都是潜移默化的；在亚洲，面包还算是一种新鲜事物，黑棕面包刚刚出现在人们眼前，而长条面包往往要不就是颜色过于白，要不就是味道过于甜。面包文化会因为国家不同而截然不同，虽说这并不在我们的研究范围之内，但面包文化在同一个国家内部可能也会有所不同。

下面我将简单介绍以下六个国家的面包文化：法国，墨西哥，德国，俄罗斯，英国和美国。在任何情况下，这些国家以及几乎任何其他的国家，总是会有两种不同的商业面包制造和分销系统，即通过杂货店分销的工业规模面包，以及通过社区面包店配送的手工制作面包，这些面包店通常会在店内进行烘焙。在这两者之间，出现了越来越多的第三种烘焙系统——将面包在面包店半加工烘焙后，再送到杂货店。在以英美两国为首的一些国家，人们会有很活跃的家庭烘焙传统。由于这是一篇游记，所以本章的重点将会是作为游客可能会遇到的那些面包。我将以扁面包作为本章的结尾，至少可以提供一个线索，即在欧洲文化下的面包主食文化以外，又会发生些什么。

一般来说，在本章提到的每个生产面包的国家中，工业生产的面包往往是最便宜的，也是更实用的，

杂货店货架上陈列的工业面包，拍摄于肯尼亚内罗毕。

比如预先切片的三明治面包就是工业面包中最常见的一种类型。这种面包之间的国别差异要比面包店里的通常小些。虽然如此，工业面包也并非是同质的，针对不同社会群体制作的工业面包，不仅存在国别差异，地区内部也存在差异。在实践中，工业面包部门在手工面包师面前相形见绌，正是通过这些手工面包师，各个国家和地区的面包理念得以表达。本章的主题是手工面包——我们的工业社会普遍认为这是小规模生产过程创造的面包。在现代，这实际上意味着使用机器，尤其是使用搅拌机进行烘焙，但是面包通常是手工制作的，并且没有完整的生产线。

我们先从法国讲起，因为法国对其他国家的料理长期存在着一定的影响。法棍闻名于世，法国人往往对自己及其优越的烹饪传统十分自信。撇开法国面包较其他国家的面包传统品质更高这一点，法国人显然长期以来都对自己的面包传统有着极高的信心，认为自己的传统既优秀又完善。在法国的本土居民区逛一逛，你

纽约的一家面包店，出售法棍。

会注意到，手工面包店里少有别国风格的面包出售。在马德里能买到意大利恰巴塔面包，在伦敦能买到德国黑麦面包，在纽约能买到相当于法棍或乡村面包的其他国家的面包，而这些面包在法国又上哪儿买呢？法国常出口面包的创意点子，而除了杂货店出售的工业预包装面包以外，法国往往是不会从其他国家进口面包的。

1651年，尼古拉·德·博纳丰首次阐明了法国人对自己面包的信心。他在《乡间的乐趣》（*Les Delices de la Campagne*）一书中写道："所有国家的人……都会同意；在巴黎，能吃到世界上最好的面包。"法国民众如今的看法依旧如此，许多到访过其他国家的人也同意博纳丰的描述。法国面包文化的一个核心方面，同时也是其能在世界上产生如此重要影响的一个原因，就在于其食谱的构建采用了一套结构紧密的概念。早在17世纪中期，博纳丰的面包食谱就展现出一种纪律性很强的制作方法论，表现出一种对面团有意识的把控，以此精准地得到想要的口味和质地。这在当时其他国家的面包食谱中都是没有的事，而且事实上，除了法国的面包传统以外，都少有发现。博纳丰建议先扯下一小块面团来烘焙以确保其风味，以便在批量烘焙之前可以做出调整，这一建议也强化了配方与口味之间存在的隐性关系。法国人对面包的文化态度根深蒂固，这种态度努力追求完美面包的明确概念，使其比大多数面包文化更具自我意识。

当然，法国也没有躲过现代经济作用的影响。每当人们认为自己的产品伟大过人时，他们就会活在“皇帝新衣”的故事中——在这种情况下，面包虽然看起来很华丽，但却没有什么味道。由于法国人长期以来都明确地为自己设立高标准，因此在有人到访法国面包店品尝面包时，我们可以问问他们，这个面包做得好吗？是否达到美妙无比的地步了呢？是的话，为什么呢？

参观一趟巴黎市中心的面包店，你会发现什么呢？我特别强调巴黎市中心，是因为法国是一个拥有大量

漂浮在巴黎塞纳河上的面粉研磨坊，匿名版画，18世纪。

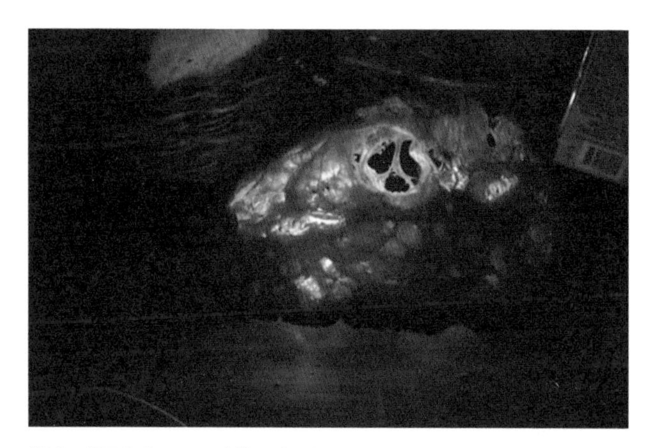

普罗旺斯面包（fougasse）的一种，法国图尔，2003年。

巴黎面包店出售的不常见的面包。

移民人口的现代国家，其中会掺杂许多其他国家的面包传统。在本书中，这些传统都是各自独立的。在巴黎市中心的面包店是不会买到阿尔及利亚的粗粒小麦面包的。或许有一天，新旧法国之间更深层次文化融合的标志将是外来传统面包融入法国主流面包当中。

现代法国主流的烘焙传统是建立在对小麦的追捧之上的。相比其他欧洲面包传统而言，这种传统更热衷于面包皮。看看任何一家巴黎市中心面包店陈列出来的面包。面包很少用模具进行烘焙，而是在定型之后再放进烘焙篮中，并在下面放一块折好的布，然后直接放入烤箱进行烘焙。这样一来，上面的面包皮就能实现最大化，陈列出来的面包有的呈现出金色，有的甚至是接近黑色的棕色，有些面包几乎是烤焦的颜色。在面包皮上划上斜线，以使面包在烤箱中可以膨胀，部分原因似乎是法国面包文化喜爱棕色色调，以及面包膨胀时出现的那种即兴图案。

总的来说，法国烘焙行业将酸面团酵头，即老面，作为发酵的首选。发酵面团需要一定时间，而时间就是金钱，因此，现代社会的压力迫使面包师们削减了传统的烘焙成本。当你在犹豫要尝试哪家面包店时，应当选择那些在橱窗上标注“自己的面包都是老式面包（*pain à l'ancienne*）”的店。虽说这样的宣传并不代表他们的面包与18世纪的做法就是相同的，但这确实说明他们的烘焙方法至少符合政府法规的最低标准，这些法规希望为目前的面包质量建立起标准规定。周游各地，难免会有争执，但我觉得最好还是多出去转转，亲自去尝尝该国人民最自豪的料理。

法国的面包店会陈列出大量名称不同的面包。同样的面团烘焙成不同的形状，就会有不同的名字，这称得上是一个有着传统美食的国家。一家面包店里会有十多种面包，但实际上可能只需制作三种面团。例如，制作法棍的面团也能用于制作法式圆面包和小法棍（*ficelle*）。可以每种面包都买一个回来，感受一下形状上的变化是如何改变面团的口感的。

墨西哥！再来看墨西哥，这里的面包店不同于任何别的面包店。全世界通用的标准习惯是，顾客站在柜台前面等待服务，而在墨西哥则不一样，这里是自助服务，顾客可以直接走到面包陈列区。面包店不分大小，顾客通常走进去就会看到三面环绕着多层的面包货架，其高度往往是从腰部到眼睛的位置。店里的顾客端着铝托盘，手拿干净的不锈钢夹子，自己选择想要的面包。托盘和夹子的存在说明墨西哥面包店专门制作小型的面包，比如圆面包，而这种面包又可以分为两种：一种是甜味的发酵面包，如甜面包（*pan dulce*）；另一种则是酸味面包，如酥脆的白博利略面包（*bolillo*）。在现有市场上，手工面包往往都有出售。

站在墨西哥的面包店里，环顾周围，面包篮子里尽是各式各样、颜色丰富的面包，令人感觉好像来到了阿里巴巴充满面团的珍宝洞穴。这里有独特的墨西哥贝壳面包（*concha*），有颜色各异的带有甜面包皮的面包，有粉的、红的和白的。有些面包则是用精密的钢

左图：墨西哥面包店出售的圆面包造型奇特，图为其中一种。

下图：位于墨西哥瓜纳华托的烤炉。

制模具压制而成的，这些模具将复杂的图案盖在面包皮上面，不过即使没有这些模具，面包皮也会形成复杂的图案。不管是甜味的还是酸味的，圆面包的形状都各不相同。墨西哥面包店揭示了一种创造性的烘焙文化，为世界上的手工面包师提供了新鲜灵感的可能性，而这些面包师往往更关注现代欧洲的实践。

花结面包（knotted rolls）提供了一个在设计上百花齐放的例子，且容易适应许多的标准式面团。在几天的时间里，我在瓜纳华托的一家面包店买了22个无其他添加的硬皮发酵圆面包，每一个都做成了不同的形状。面团卷成一条细蛇状，切割下来后再拧起来，形成辫子和结状。

墨西哥面包师或多或少地都保存了一些欧洲面包传统，这些传统在欧洲已不再常见。例如，17世纪的荷兰静物画，描绘过切成薄片并涂上黄油、撒上糖的面包。这种美味佳肴在每个墨西哥面包店都有出售，人们称其为牛奶面包（*mantecato*）。大多数面包

左图：墨西哥面包店出售的牛奶面包。

下图：中国上海的一家面包店，出售牛奶面包，2010年。

店出售的圆面包都去掉了面包屑，并在上面撒上了糖重新烘焙。从16世纪开始，法国就记载过这样一种做法——将面包屑去掉，洒上酒精和茴香，然后再重新烘焙。在墨西哥面包店中，人们可以发现欧洲与墨西哥文化的融合，尤其是与墨西哥文化中有意思的部分融合在一起。

关于墨西哥面包店，你或许会不切实际地觉得整个墨西哥烘焙行业都是由小型面包店组成的，而这些小型面包店又是通过利用廉价劳动力才生产出一系列惊人的趣味烘焙食品。为了避免你有这样的想法，我应该说一下宾堡公司，这是墨西哥工业烘焙的巨头，也是世界上规模较大的食品公司，正逐渐实现其要成为世界上最大的工业烘焙企业的目标。该公司在海外（包括美国）拥有大量控股，也是推动中国面包文化发展的代理商。

边界问题通常是很有趣的研究。跨过法国，来到德国，会发现这里的面包文化竟截然不同。德国面包传统接受了多样性，这一点是法国所没有的。同时，还存在南北部差异，例如南部有更多的芳香种子面包和小麦面包，而北部更多的则是纯黑麦面包。德国面包店作为一个集体，他们的面包风格丰富且深入，这是其他国家无法与之相比的。这里有最白的白面包，也有最黑的黑面包；还有用模具做的面包，以及不用模具，等在篮子里成型以后，再烤制成圆形或椭圆状的面包。在欧洲主要的面包传统中，只有德国人接受了欧洲的贫穷面包，即那些密度大、香味重的黑麦面包，还有真正的全麦面包，如德国粗面粉面包（*vollkornbrot*），以及紧密的小麦或黑麦混合粉面包，如德式黑麦面包（*roggenmischbrot*）。德国面包传统还有一个特色，那就是精心制作的现代种子面包，这使参观德国面包店成为一种视觉上的享受。通常面包上的种子有向日葵籽、亚麻籽、芝麻籽。面包师常会将种子融入面包中，在许多情况下，会使紧密的面包密度更大，例如在一些现代做法中会有慢烤的黑麦亚麻籽面包。葛缕子、茴香、香菜和八角也经常用于面包调味，尤其是南部的人们会用这种方法。德国种子面包使我们的脑海中浮现出一幅幅画面——富饶的乡村、金色的麦田、天蓝色的亚麻花……

你还会经常发现在烘焙之前，面包师只会用白色小麦粉进行简单装点，这说明了烘焙时面包裂开所产生的样貌的丰富性，突出了面包在烤箱中会因膨胀而产生许多的有机图案，创造出了有丰富纹理且自然的装饰。

德国的面包流动性强，变化快，其原因显然在于对本土面包传统的崇拜。比起小麦，德国大部分地区更适合种植黑麦，这一点在合成肥料出现以前尤为明显。然而，德国与法国不同，法国摒弃了自己长期存在的黑麦传统，而20世纪的德国则将其作为几种独特的哲学传统的一部分，这些传统在乡村生活中获得了灵感。

长期以来，德国知识分子就对德国的乡村生活和乡村传统兴趣颇高，例如格林兄弟，他们在19世纪以收集民间故事而声名远扬。而我们今天在面包店中见到的这一种面包传统，深受19世纪和20世纪初的生活改革运动的影响。该运动将全谷物面包奉为健康的来源，而非城市工业化下的精炼小麦面包。生活改革运动的影响贯彻欧洲的整个20世纪，以及20世纪末的反工业化养殖、反工业面包和反现代化生活。德国的人均面包消费量比欧洲任何地方都要高，且显而易见的健康特征与浓郁的风味之间的结合很可能与其消费模式存在相关性，这种结合正是德国面包的特点。比起大多数其他国家，德国手工面包店更清晰地说明了思想的影响力，正是由于这种思想才创造出如此特别的德国面包，也使得对面包与文化之间的联系的研究变得更加迷人。

再来看看俄罗斯。我在网上搜索莫斯科面包店时，第一个词条便是“每日一粮面包店”（*Le Pain Quotidien*），这是一家法国的跨国连锁店。就在同一天，我发现该面包店在英国报纸《卫报》上发表了一篇文章称，几天前，俄罗斯总理同总统共进早餐，吃的便是牛奶和黑面包，以此展示他们与农村平民的联系。

如果提到用百分之百的黑麦面粉制成的紧密的黑面包，首先想到的便是俄罗斯。尽管俄罗斯位处北欧黑麦带的中心，俄罗斯人也确实食用黑麦，但在2003年，波兰的人均黑麦面包消费量为35千克（77磅），而俄罗斯的人均黑麦面包消费量仅为8千克（18磅），远低于德国和斯堪的纳维亚半岛国家。在俄罗斯，面包尤其是黑麦面包，都被视为廉价食品。在本书中，俄罗斯生产售卖的面包也是受到价格管控的。相比之下，在莫斯科和圣彼得堡，进口面包的价格可能得有一瓶葡萄酒那么贵。然而就在30多年前的苏联时期，普通面包店出售的面包实际上只有一种——紧密的黑面包；到了今天，大城市里的面包店出售的面包多达数十种，这反映出许多不同国家的面包传统。尽管德国人理应为他们的乡村面包传统感到自豪，但这种自豪不再与政府所倡导的民族认同概念有所联系。今天，在俄罗斯，关于餐桌上要放哪种面包的这个问题，抛开前几章已经讨论过的关于餐桌上的面包可以传递的所有其他信息不谈，也可能会体现出对俄罗斯世界地位的看法。

对英国面包的研究为烹饪传统的演变提供了有力的例证。这是一个英国烹饪方式发生深刻变化的时期，这种变化反映在面包文化的重大变化上，最显著的变化便是法国、德国愿意接受酸面团烘焙传统，以及当今美国的手工面包运动。这是去英国面包店转转的绝佳时刻，几个世纪以来保持稳定的面包传统突然受到了颠覆。

也不必高估当今英国面包师广泛采用酸面团面包所产生的历史意义，至少几个世纪以来，英国面包师都是喜欢酵母胜过酸面团发酵法。但是，越来越多的英国面包店专门制作法国（老面）、美国（旧金山酸面团）和德国（酸黑麦）的酸面团传统面包。即使面包店没有专门研究酸面团面包，但至少会有一些酸面团面包融入正在成为标杆的烘焙混合酵母面包和酸发酵面包当中。另外，尽管英国与法国有着密切的关系，但近500年来，英国的烹饪文化拒绝了其老面传统，而保留了其酵母发酵的面包，即使英国贵族和上层阶级经常公开崇尚法国菜并将他们的食物用到正式餐宴上。

在20世纪，工业面包的引入及大众的广泛接受度，标志着英国社会和文化在各个层面发生了革命性变化。如今，面包文化所经历的变化同样重要，且这一变化体现出了同样重大的文化转变。除了对酸面团传统持开放态度以外，其他国家的面包，尤其是意大利恰巴塔面包，已经成为现在面包店货架上的主食。一如既往，在接纳新食物和抛弃旧食物之间也存在紧张关系。在伦敦和爱丁堡等大城市的市场上，像农家面包（cottage）、科堡面包（coburg）、布鲁姆面包（bloomer）、农舍面包（farmhouse）、烤盘面包（tin）

这些传统的英国酵母发酵面包，几乎已经不存在了，同时还有当作早餐主食和下午茶的许多小面包。相反，市场上的面包师更倾向于制作酸面团面包。这种对英国面包传统的拒绝态度，同对英国屠夫和鱼贩的传统产品的颂扬态度形成强烈对比。

为了了解面包的不断发展，无论是在英国本地还是在英国以外，我都会特别关注城市市中心的面包店、富裕郊区的面包店、特色杂货店的面包区以及市场摊位的面包师。在爱丁堡城堡露台市场上，最受欢迎的一个摊位是德国的面包师以及其酸面团黑麦面包。

当然，我最感兴趣的还是英国面包。我个人很喜欢柔软的白色烤盘面包，长期以来一直是一种特色面包。这是一种发酵面包，搭配上英国芝士加酸辣酱或黄油加马麦酱，味道美极了。在乡村面包店、旅游城镇面包店（如莱伊镇）和迎合大众市场的杂货店烘焙区，往往都能见到一些烤盘面包以及至少一种传统的英式面包。

当然，英国人很爱他们的吐司面包，英国面包的主要用途是制作吐司。烘烤可以逆转变质，因此无论面包是新鲜的还是已经变质的，只要烘烤后趁热食用，面包就还是外脆里软的。在19世纪的英国文学中，充满了用叉子插住面包放在煤火前烘烤的场景。20世纪上半叶，用叉子这一办法被更为便利的电动烤面包机所取代了，这一机器发明于19世纪末，而吐司在这一过程中变得越来越平淡无奇。吐司是面包用途的一个经典例子，它展示了面包用途和面包风格之间的关系。意大利恰巴塔面包、法棍和大孔的法国酸面包则不适合做成英式吐司。人们习惯趁吐司还热的时候抹上黄油，通常还会涂点儿果酱。如果有手工面包店不出售适合做成英式吐司的面包，那我们就可以推断，许多顾客正在用在其他地方买到的更为传统的面包，或是用在杂货店购买的预装切片工业面包来制作这种新式面包。

美国幅员辽阔，是一个拥有3亿多人口的国家，其中约3300万人来自其他国家，其面包传统与英国密切相关。和其他许多国家一样，工业面包主导着美国的面包行业，但手工面包又很好地融入了不断变化的美国饮食方式。每个城市都有手工面包师，而附近的面包店也正在复兴。

在美国许多城市中，几乎所有商业活动都是以非英语的语言开展的，包括韩语、西班牙语或俄语。虽然这个国家被统一的文化联系在一起，且大众市场零售也给每个地区都带来了相似的商店，但地域主义（不管是基于邻里文化的小规模地域主义，还是基于更大规模历史因素的大规模地域主义）表明，如果仔细研究，你会发现在美国主流面包文化之外，还存在着许多丰富多样却又与之相关的面包传统。此外，由于人口数量庞大，即使是一种文化规模较小的亚文化也可能会涉及成千上万甚至数百万的人，而就面包而言，涉及的则可能是整个世界的面包店和面包习俗。对于喜欢冒险尝试的人，可以在到访的城市找一些异国群体的社区。那里的墨西哥面包店不像在墨西哥那样精致，但面包的确是墨西哥风味的，你可以买到美味的甜面包，打包带回家或者带回酒店房间，搭配上牛奶、咖啡或热巧克力一起享用。如果附近有较大的立陶宛、俄罗斯或是波兰社区，也可以到那里去。你或许可以找到纯黑麦面包。而且，在移民和文化记忆的影响下，虽然很奇怪，但这里的面包可能比本国的面包还要更“传统地道”，因为食谱通常是移民到达这里时带来的，可能不会反映家乡面包文化的变化。例如，立陶宛的黑麦面包中添加了越来越多的蜂蜜，味道比以前更甜了，而在美国的立陶宛人用的食谱可能还是只用黑麦面粉、水和盐进行制作。

在20世纪的英国，用烤盘烘焙的小麦面包曾是主流面包店货架上最好卖的面包。这种面包通常加入了一些糖和食用油，以符合当时公认的习俗。尽管英国保留了“黑面包”的传统，但由于在20世纪60年代，美国的小麦面包几乎都是白色的，于是一切突然就开始

Sign up now
for our popular
CHEESE & WINE
TASTING
CLASSES!
Sourdough Round
$2.75 / lb.
Pain Levain
Onion Ficelle
$2.95
Sesame Ficell
$2.75
Plain Ficelle
$2.50

EASY / NO FUSS dinner options,
out our frozen foods case for
SAUCES, meat PIES and PASTAS!
up for our dinner menu and recipes to
iled weekly for your planning convenien

Whole Wheat Loaf
$2.50

Sourdough Loaf
$2.50

Walnut Prune Wheat
$7.95

Dark Rye
$8.75

Raisin Loaf
6.50

Caraway Rye
$3.25

Cranberry Nut Loaf
$7.75

ali Bread
$4.50

Petit Batard
$2.50

Seven Grain
$4.50

French Sandwich Rolls
$1.25

发生改变。结构性的文化力量开始瓦解这个国家，开启了至今仍在发挥作用的文化进程。年轻人抗拒父母那一辈的生活方式，支持嬉皮士运动。这些年轻人也拒绝父辈的食物，其中就包括面包。这种抗拒的主要表现形式是拒绝白面粉。虽然现在已经很少了，不过仍有面包店受到这种首次重新评估美国面包行为的启发。这些面包店往往出现在大学城附近，如纽约州伊萨卡，或在那些仍然有大量人拥护嬉皮士理想的小镇，如加州大苏尔。嬉皮士面包店，甚至是其升级版本，都是一种财富。这是因为，虽然这些面包店所提供的全麦面包的种类及风格在今天越来越少，但是这些种类及风格让我们得以清楚地看到，亚文化是如何发明创造面包及面包传统，以此来反映和宣扬反主流文化价值观的。

在20世纪60年代，嬉皮士并不是唯一拒绝父辈食物的美国人，他们的父母中也有许多人拒绝那些食物，只是方式上有所不同。简言之，这场食物革命的起因可以说是与朱莉亚·查尔德有关，她的话实际上是在说，人们应当抛弃20世纪50年代的罐装和包装食品，走进厨房，只为满足味蕾、享受美味以及口食之乐而烹饪。1961年，查尔德、熙梦·贝克以及路易丝塔·波索尔曾共同著就《掌握法国菜的烹饪艺术》（*Mastering the Art of French Cooking*）一书，我认为文化史学家会向我们展示由这本书引发的运动以及嬉皮士运动是如何走到一起，演变成持续至今的食物变革的。朱莉亚·查尔德发表过的最为影响深远的面包食谱便是制作法棍的食谱了，不会在面团中放糖和油，做出来的面包有着酥脆的面包皮，而且也显然是不会用面包烤盘制作的。

现在，美国面包店里卖的基本都是法式面包，效仿法式的那些面包店在大城市和富裕社区中往往很占优势，甚至这些店的室内设计也经常参考法国面包店。从20世纪最后几十年开始，面包师采用一种基于有机食物的新兴美国料理，并将法国南部的烹饪传统与意大利的烹饪传统结合起来，以此创造出了一种新的美国面包传统。这种传统结合了旧金山本土酸面包传统以及法国的老面传统，形成了一个研究起来十分复杂的体系。在美国许多地区，带有酸味的法国老面面包在手工面包店中是最主要的面包风格，也是大多数精英面包的典型代表。老面面包取代了传统的美国酵母面包。在杂货店的货架上，除了一些预装切片的工业面包以外，基本款的白酵母三明治面包甚至比英国还要少。

由于酸味是使法国面包成为美式法国面包最显著的标志，因此我会从不同面包店购买酸味面包，然后对比其酸味。酸味是一种很受欢迎的特质，因此面包师可能会为这种口味而感到十分自豪，也会很乐意向顾客解释酸味是怎么做出来的。通常，手工面包店都会生产法棍以及世界知名的意大利恰巴塔面包。更有美国特色的是，美国许多地方的面包店都会出售阿什肯纳兹犹太人的哈拉面包，这是一种稍微增味过的编织酵母面包。值得研究一下与20世纪早期犹太移民有关的两种不太常见的面包，它们分别是“犹太黑麦面包”以及美国版的粗黑麦面包。这两种面包的黑麦含量都不高，并且都很好地证明了食谱在不同的国家地区可能会发生巨大的改变。

虽然并不明显，但边界无处不在，而面包可以帮你发现边界的存在。在每个大城市的内部以及周边的各个城市与乡村之间，都存在边界。不论是无形的，还是有形的，它们都划分了扁面包和长条面包。耶稣在最后的晚餐中吃的究竟是发酵面包还是扁面包？在扁面包与长条面包文化之间存在一些界线，而这些界线则标志着暴力冲突的界线。因此，在宗教、国家和部落之间的某些边界，某种程度上可以视为由其面包的层次进行划定的。

扁面包的传统极其复杂，在长条面包国家的相关文献中少有记载。

作为旅行者或游客，不难发现包括非洲北部、近东地区、高加索地区、中亚地区及印度北部地区在内，这些以扁面包为主食且幅员辽阔的地区，往往是缺乏柴火、气候炎热干燥的地方。这些地区很不适宜制作长条面包，而实际上这些地区也的确很少见甚至是已经不存在长条面包了。在这些地区，工业化尚未达到大多数长条面包国家的水平。虽说在现代超市中能见到工业规模生产的面包，但更多见的是小型面包店和小村庄居民家中制作的面包。在许多像新德里这样的大城市中，路边有不少小型面包店，里面有皮塔饼式的印度麦饼，以及在其他卖扁面包的地方会有的其他种类面包。你在扁面包地区见到的大多数面包都是用小麦面粉做的，不过如果仔细留意的话，你也能发现用其他面粉制作的面包，比如大麦面粉。像埃及这样的干旱国家，面包在每日热量摄入中仍然占比很大，而他们没有足够的水来种植足够的小麦以满足当地消费，因此大量的谷物都是依靠进口。虽然如此，不过如果你去到农村乡下，可以试着找找用本地面粉做的面包。

乡村面包，其面包皮上带有创意十足的图案，
位于纽约市的巴尔萨泽面包店。

由于扁面包地区里的许多地方依然十分贫穷，我们不难发现有关谷物种植、研磨及烘焙的古代社会制度依旧存在。探索这些制度，探索面包在当地美食中的运用，这或许是对当地文化更深入的探索，而不是对当地面包简单的分类。例如，在印度的一些地区，仍然有自给自足的粮食农业，在这些地区，居民们从种植到研磨，再到烘焙，按部就班地来生产日常所需面包。在妇女使用手推磨石来研磨面粉并制作家人所需的面包时，在侧旁观甚至是参与其中，这都可以对文化、生活以及面包有更深的了解，而这些是在任何书中都收获不到的。

扁面包的烘焙方式有很多，所以在旅行中的乐趣之一就是去参观面包店。这通常是一项社交性很强的活动，尤其是对于游客而言。在许多国家，面包店可能会带一些人，甚至是一大群人去参观烘焙过程。有时可以见到圆顶烤炉，就像欧洲人用的那种，但从高加索地区到中亚和印度地区，更常见的是印度餐馆里的筒状泥炉。在筒状泥炉中，炉火位于陶瓷内衬坑的底部。这个坑的顶部（即烤炉）是敞开的，面包师通常就坐在烤炉开口的旁边，他们可以探进去把面包拍到烤炉的边壁上，面包粘在那里就可以烘烤了，所需的时间很短。与较小的印度圆麦饼一样，细长的亚美尼亚面包也是这样做的。在许多国家的街头面包店内，经常可以看见拉伸得像大锅锅底一样的面包，所用的煎锅通常是用煤气点燃的。

扁面包并非是完全扁平状的，几厘米厚的面包也是有的，通常是用煎锅烘焙。这种一般是英式松饼的厚度，但就像阿尔及利亚的自制面包一样，这种面包到了现代，通常是用粗粒小麦粉制成的酵母发酵面包，其大小可能有一个餐盘那么大。这种扁面包，不管其厚薄程度，有时在烘焙之前，都会用针在面团上刺出小洞。这样可以防止它们在烘焙过程中膨胀变大。还可以刺一些很好看的图案。有些地区的农村还保留着游牧的传统，有些村民还十分穷困，如果有幸去到这些地方，或许可以见到印度麦饼或者用余火烘焙的椭圆哈萨克族塔巴南面包（*taba-nan*）。

当然，不管在哪里，都是面包来适应饮食习俗。如果不能跟当地人一起用他们的方式来享用面包的话，那你就无法真正享受到哈萨克斯坦的扁面包、墨西哥的甜面包、德国的黑面包、美国的三明治面包、法国的法棍。所以请记住，无论在哪里，都要待人友善，保持好奇心，如果有人邀请你一起吃饭，那就答应他们。

5

21 世纪的面包

在《创世纪》中，面包与其生产者之间的关系是，生产者需要艰苦工作，种植、收获、扬谷、研磨并制作面包。那样的劳作实在是骇人且麻木，因此面包才是亚当和夏娃被逐出伊甸园后惨痛后果的真实字面体现。对大多数人来说，从1万年前农业诞生至今，面包就意味着接受像西西弗斯一样，困在日复一日、永无止境的汗水劳作中。随着工业化在欧洲和北美得到发展，农业实践变得更加高效，耕种土地、研磨谷物、烘焙面包这些事情所需要的人力越来越少。可以说，随着工业化进程的发展，无论是个人还是集体，都得以进一步摆脱了谷物农业、谷物加工和烘焙日常面包的必要性。

在欧洲，第二次世界大战结束后的几年时间里，餐桌上的日常面包与家庭式农业劳作、家务劳作之间长久以来的关联彻底崩解，其原因在于苏联强行开展

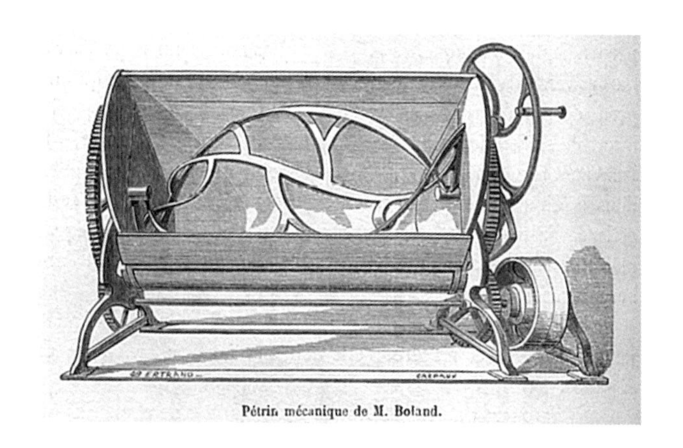

Pétrin mécanique de M. Boland.

法国揉面机，19世纪末。

的土地集体化以及其他欧洲地区富裕水平提升。在美国和加拿大，这种古老关联的分崩离析则在几十年前就已经发生。

这是自农业诞生以来，长条面包首次在北美或欧洲农村的生活中不再占有一席之地。虽说乡村人的面包与宫廷里的面包或者富裕家庭里“上层”人餐桌上的面包之间，或许并没有太多关系，但是种植、研磨、烘焙和食用之间这些古老关系的消亡却又表明着，在许多方面，作为人类的我们，已经进入了文化生活的一个新阶段，一个与先辈们的文化生活截然不同的阶段。法国乡村面包在“二战”后开始盛行，当时市面上已经没有了真正意义上来自乡村的面包，这件事绝非偶然。虽然这种面包本身并不新奇，18世纪的安托万·帕门蒂埃在其著作中明确提到过这种面包，称为相对精致的一种面包，这种面包与乡村之间的关联更多是现代的一种幻想，而不是人种学的实际情况。在乡村深处的面包，其密度则要大得多。考虑到在欧

法国的面包店，19世纪中期。

洲和北美的面包文化中心，古老的传统已经被打破数次，所以那些最靠近相关传统的人，尤其是当代的手工面包师，他们会回顾过去寻找灵感也就不足为奇了。但是，由于我们无法用过去的方式制作面包，毕竟大规模的面团制作所导致的劳动力腰背损伤是违背现代道德观念的，因此认为现代手工面包师是在回顾过去寻找灵感的这个说法并不妥当，这太过于狭隘了。作为一个整体，手工面包师们的脑力工作是致力于开发和完善新的面包制作系统，这些系统需要传承历史上那些面包所蕴含的价值观，但在生产的关键环节则需要使用现代化的设备。乡村面包与农贸市场、祖传蔬菜、农家奶酪等事物的出现相得益彰，这些在英国和美国都被视为优质而重要的东西，这些灵感都是来自过去的农村文化。

在与面包相关的长期传统中，另一个重大突破则是家庭自制面包。在过去，自己烘焙面包是刚需，而直到最近，在乡村和城市中，许多家庭自制面包是因为这是最经济实惠的做法。今天，作为生活必需品在家里自制面包的情况，仅在极端贫困的农村地区（如罗马尼亚的吉卜赛人）才会有，除此以外，现在的家庭制作面包实质上都是娱乐性质的。

我将当代烘焙分为三种各自不同的传统：居家娱乐性烘焙、商业手工烘焙和工业烘焙。虽然，这三种生产面包的传统存在许多共同的偏好，比如最明显的是都偏好使用小麦，但这三种烘焙传统制作出来的面包却是互不相同的，即便是有越来越多的家庭面包师在效仿商业手工烘焙的面包。

20世纪是一个许多烹饪选择都被压缩的年代，是一个大众市场的年代。尽管商店里有太多显眼的选择，但从某种意义上来说，“20世纪终究是一个千篇一律的年代”。从21世纪初展望未来，现在似乎有一种结构性的力量在起着作用，使多样性重新回到人们都以为已经一去不复返了的地方。在烹饪等许多的领域中，大众市场正在分解成众多的专业市场，其中一

罗马的面包烤炉，罗马尼亚德瓦，约2004年。

些规模可能仍然很大，而有一些规模则很小。虽说这些变化的重要性或许有高估成分，不过看起来，的确是在“离心力”还占据上风的时候，“向心力”就已经开始增强了。

互联网及相关发展正不断推动“向心力”的增长，其得益于新兴且发展迅猛的通信系统，兴趣相似但地域相隔较远的人也有可能走到一起。我们仍然处于这场革命性变化的开端，所以很难看到其全部结果。不过一个出乎意料的结果是，有一种面包谷物品种是长期以来商业停产的，但由于即使是微小的产量，也能成功销售给规模小但重点突出的市场，所以已经有农民开始种植这一品种了。这对于21世纪面包的变化方式具有潜在的影响意义，因为面粉至关重要，不同类型的小麦可能会具有大不相同的烘焙特性，用同一配方可能会生产出非常不同的面包。

互联网往往会向外界传播一些思想和最佳的实践方式，虽然目前还不清楚这将会引导21世纪的面包走向何处，但现在网上有这么多书，而且每日新增很多，这就意味着那些长期不受欢迎，或是仅为小部分所知的想法，到了如今，几乎任何人都能看到，并在新的时代获得重生。海量的网络视频以及新兴的有声读物，这些都意味着人们可以反复研究各种文化传统中制作面包的技术方法，而这在以前是做不到的。不难想象，等到了21世纪末，所有历史悠久的面包文献都将得以汇总，视频也将变得更加专业化、系统化。许多古老的方式刚刚走到终点，但新的方式已经在创造当中了。面包文化的发展进程往往相当缓慢，但在过去的40多年中，面包的风格却发生了翻天覆地的改变。在如此之多且复杂的新兴力量的作用下，面包风格的下一次转变可能将会更为活跃。

随着农村传统的终结，家庭面包师实际上是唯一剩下的非专业面包师了，因此，家庭面包师便填补了乡村面包师曾经的小众市场。从历史上来看，就像家里的许多其他东西一样，面包烘焙也曾是一种由女性负责的艺术。随着工业化的发展，也随着面包不再由家庭制作，面包食谱的传承不再是由母亲口头转述给女儿，而转变为由一个陌生人书面转达给另一个陌生人。虽然面包制作在家庭内还没有达到需要生火的程度（往往是由男性来点燃壁炉中的火、烧烤用的火以及篝火），但与过去的做法大相径庭的是，现在通常是由男性来烘焙面包，而蛋糕和糕点仍是由女性来负责。由于男性和女性之间存在文化差异，娱乐性的面包烘焙已经随着面包师性别的变化而产生了改变。不同于最近使用城市家庭烘焙面包来表达女性的家庭抚养角色，另外存在一种独特的男性圆顶烘焙亚文化，旨在完善模仿手工面包师的技术。例如，在美国，加入美国面包师协会的互联网讨论小组并自称“真家焙师”（真正的家庭面包师）的那些人，绝大多数都是男性。

市面上的面包食谱长期以来一直受到其时代商业运作的影响。威廉·哈里森于16世纪首次出版的英文面包食谱就是如此，且这种影响一直延续到今天。举两

美国食谱小册子，约1905年。

个具体的例子，19世纪晚期，将糖引入欧美家庭面包食谱这一行为反映了烘焙行业的变化；20世纪引入家庭厨房的电动搅拌机也是如此，这种工具显然对于只偶尔制作一两个面包的家庭来说不是必需的。在今天的烘焙书中，我们开始注意到在家庭面包食谱中引入麦芽的做法，越来越多的人参考了相关的技术讨论，包括酶在面团发酵中的作用和“自我分解”休息期的引入（将水和面粉混合后，不加盐，然后放置等待，通常20分钟后再添加其他成分）。同时，也有越来越多的人运用起了“面包师的数学”，这反映了当今最优秀的手工面包师所带来的影响。面包机深受数百万家庭面包师的钟爱，这是一种微型的串联面包工厂，混合、揉制、成型、发酵和烘焙都在一台机器上完成，而无须人力干预。这是工业烘焙传统为家庭面包师所做的贡献，而非手工烘焙传统。因此，面包机也代表了大多数手工面包师所拒绝的工业烘焙理念，而这些“桌面上的工厂”却能受到数百万家庭面包师的喜爱，且能制作许多出色的面包。这些机器可以变得更加精密，比如添加制冷线圈、可以检测面团温度及pH值的传感器以及完全可编程的工作周期（可以根据面团条件进行不同设置）。

我对英美两个国家了解最深，在那里，制作同等重量的面包，手工面包师的收费是工业面包师的两到三倍。显然，这使手工面包师在生产系统上具有一定的自由度，而这一点是工业面包师所没有的。到目前为止，现代手工面包师几乎都称自己并非工业面包师。大多数人有意保留了手工制作的传统，部分原因是这些面包毕竟还是过了手的，尽管在手工面包店中，用于称量和制作面包的机器并不少见。但是，手工面包师可以重新定义他们与面团的关系。在艺术界，有些能够在世界极富盛名的博物馆展出作品的艺术家，他们实际上也并不是亲自完成其作品的，而是会委托他人制作。也许我们可以看到，这种方法已经开始在手工面包店中发展到工业规模了，例如美国的拉布雷亚面包店。

“白色全麦”制作的神奇面包（Wonder Bread），美国。

手工面包师和工业面包师，这两种商业烘焙传统都在扮演着不同的文化角色。手工面包师，尤其是那些广受好评的面包师，都植根于精英烹饪文化中。如果烹饪精英对“乡村”食物、成分纯度以及地道性（地道性意味着起源于欧洲，甚至说得更具体些，是乡村面包师的法国或意大利烹饪理想）感兴趣，那么，精英手工面包师就会根据这些兴趣来制作面包。赫特兰米尔面包店是受众人推崇的美国手工面包店，正如他们所说：“欧式砖炉、柴火、有机面粉、自然发酵、技艺精湛的面包师，对一家含有这些要素的面包店，你又还能奢求什么呢？”这种说法反映了深刻的文化偏见。欧式柴火砖炉、有机面粉、自然发酵以及技艺精湛的面包师用双手制作面团，这并不是获得优质面包的唯一途径。这是一种专注于理想化概念的配方，即现代工业流程在面包制作中是没有地位的。这种精神类似于19世纪反对千篇一律的机器产物的论点，但我们日常接触到的许多机器制造物件都是结合了精美的设计、优雅的功能和完美的工艺，这一事实最后也明确地回答了19世纪的观点。

工业面包店虽说并不代表烹饪精英，但确实使得精英面包民主化，以更低的价格出售类似风格的面包，就像成衣行业也会提供价格较低的设计师服装一样。他们还制作具有实用性的面包，例如三明治面包和吐司面包，同时还供应汉堡包和热狗面包。这些面包店还率先采用了面团生物化学和材料加工方面的最新知识，以尽可能高效地生产面包，这通常意味着提高挤压面团的速度。工业面包店也很擅长利用与小麦行业的关系以及对面团生物化学的了解，借此制作出看似不可能但却很符合顾客需求的面包，例如全麦或杂粮面包，而且这些面包的面包屑还很“轻盈”。他们已经实现了几千年来面包师的梦想——制作不仅像雪一样白，还像天鹅绒一样柔软的白面包。

工业面包师彻底革新了古老的面包制作工艺，数以百万计的廉价面包体现了相互矛盾的文化欲望。不幸的是，工业面包让他们的顾客失望的地方往往在于其风味，有时甚至是在面包工艺最基本的层面。最有效的做法往往是控制概念。我不止一次买到过制作时没有适当混合的工业白面包，但因此你说不定可以在面包屑中看得出搅拌机里旋涡的图案。工业面包通常具有轻微的异味，大概是由于快速生产加上混合成分，这些都是只有化学家才能不用参考手册就能理解的内容。历史上，在烘焙行业，“速度”一直都是工艺和口味丰富的面包的敌人。我不认为可以指望工业面包师能大幅降低其生产线速度，其运营中涉及的资金成本可能不会允许，但我却认为，在21世纪，至少他们可以将对面团生物学更深刻的理解与材料加工的进步相结合起来，创造出更为优质的产品，且不使用或是极少使用非食品配料。越来越多受人敬重的手工面包师与工业面包师签订咨询合同，通过这个现象我们可以开始看到一些手工烘焙的精神正向工业烘焙转移。

正如之前提到的那样，面包中大多数的风味和口感变化都是通过发酵产生的，发酵可以触发面团中生物化学活动的连锁反应。这些活动彼此之间相互作用，因此面团中产生的变化也是相互依存的，使得整体上无比复杂烦琐。一直以来，面包师都是凭借着自己的实践经验进行烘焙。他们没有去思考和理解面团内部发生的变化，只是根据面团反应并凭借他们的经验来培育面团，就像园丁培育植物的方式一样。而在21世纪，面包师作为培育者的身份或许会发生转变，转变为整个过程的最终监管者。在某种程度上，这种身份上的转变发生在20世纪的工业面包店里。从历史的角度上来看，这也是他们得以创造出这些奇怪面包的原因。他们夺取烘焙过程的控制权，并以一种前所未有的方式强迫这一过程。与21世纪将要发生的情况相比，这始终是一种粗暴的强制。

举个例子，是一个不需要在制作过程中做出任何改变的例子，不过这个例子可能需要互联网甚至生物技术的介入，也就是面包师所使用的酵母问题。在涉及面包风味问题时，面包师往往会考虑酸面团文化，而非酵母。但是，只要时间充足，酵母也可以在面团中产生味道，对面包风味感兴趣的面包师来说，这也是一个值得探索且不复杂的领域。面包本身就是一种微妙的食物，牵一发则可能动全身。对家庭面包师而言，发酵时间的长短并没有影响，因而他们很容易创新性地将新酵母引入烘焙行业。

前文提到，作为多数面包、葡萄酒和啤酒食谱中发酵媒介的酵母，就是酿酒酵母真菌。将酿酒酵母菌株分为“面包酵母”的一个类别，这是最近才出现的现象，也是烘焙行业中酵母工业化的结果。19世纪以前，所有面包师都是从酿酒商那里获得酵母的，因此并没有“面包酵母”的说法。我们现在所说的“面包酵母”只是酵母制造商所选定的酿酒酵母菌株，主要是因为它们在发酵面团时能够快速产生大量气体。也就是说，酵母菌株能够使面包更为“轻盈”，这往往是他们顾客的要求。面包酵母制造商将酵母开发的重点放在气体的产生及发酵速度这两个问题上，以适应烘焙行业的不同技术要求。例如，在甜面团中效果更佳的酵母，在无糖面团中表现良好的酵母，或者是那种加在面粉中而不是加在水中的具有良好效果的酵母。

葡萄酒与啤酒行业看待酵母的态度，简直是截然不同！啤酒酵母制造商和葡萄酒酵母制造商都描述了多种不同的酵母，每种酵母生产出来的产品在口味上都略有不同，比如葡萄酒就与特定的葡萄品种有关。酵母菌株对于生产不同种类的啤酒十分重要，这一点可以在下面这段摘要中十分清楚地看出。这段摘要由美国怀特纯酵母发酵实验室发布，有关其正在出售的比利时赛松Ⅱ型酵母（*Belgian Saison Ⅱ*）。

赛松菌株中的果味酯较赛松Ⅰ型酵母（WLP565）产量更大。酚醛适中，在成品啤酒的风味和香气中有丁香特征。

如果能买到一种酵母，在面包完成烘焙后，让面包散发出“丁香”的香气，这不是很好吗？又或者是另一种能产生轻微烟熏味的酵母，一种十分适合意式烤面包的理想型酵母。那如果面包师和科学家合作开发专注于发展面团风味的定制酵母，从而使面包店内的面包会首次因微妙的香气而区别于其他面包，又会怎么样呢？比如一种圆面包，上面带有一丝黑醋栗和百里香的味道，再覆盖一层苹果清香，而相邻的圆面包虽采用的配方相同，但使用了不同的酵母，因而产生了不同的香味。技术上的难题在于要制造出一种能快速产生香味，同时又能承受（在面团中）烘烤的酵母。这些新品种的开发可以依靠传统选择，甚至有可能通过生物技术。

从目前来看，互联网为面包师提供了众多啤酒酿造商和葡萄酒酿造商实验用的酵母品种。就像我们现在的许多农业遗产一样，商业酵母菌株也都是单一栽培的，并往往使我们认为酵母是一次只能使用一种的。实际上，酵母菌株可以混合使用。面包师是否会在某天早晨醒来时意识到，世上有成千上万的酵母菌株可以用来试验，或者大型面包店是否会联系酵母科学家，一起研究如何对现有的菌株进行改进，以提高面包的风味和香味，这些问题的答案我都不得而知。但很明显的是，随着时代的发展，不难想象，面包师和酵母科学家肯定会进行这方面的对话交流。然而，这还只是面包在21世纪可能发生的众多变化之一，考虑到当代人与彼此交流的速度之快，今天尚且未知的事情，或许在明天就会变成司空见惯的常态。

展望未来，我认为毫无疑问的是，随着时代的发展，工业面包师为了追求其想要的目标，将继续研究酵母、细菌、酶和谷物品种之间的面团发酵关系。他们还将改进烘焙技术，以更密切地监测在面团内部发生的一切，并根据这些变化来对面团环境做出改变。家庭面包师和手工面包师将继续交流对话，同时目前存在于大多数工业面包师与手工面包师之间的隔阂也将侵蚀这两种传统的利益。虽然大多数的面包烘焙者仍是面团培育者，因为实质上除了面团温度可以测量以外，我们便一无所知了，但随着时代的发展，我认为每个烘焙面包的人都可以低价获得一些设备，以此获得许多有关面团化学成分的信息，并且通过这些设备检测到的信息，面包烘焙技术将得到不断发展。虽说新兴技术并不适合所有人，但这些技术也能使那些对其感兴趣的人对自己制作的面包掌握无与伦比的控制权。

作为一种重要的食物，以及西方文明的关键产物，面包有着其不同寻常的地方。虽然面包已经不是我们赖以生存的主食，但它仍是一种食物、一种物品和一种彻底融入我们文化中的思想，因而面包除了深受文化变革影响之外，也别无他法。虽说面包文化的变化过程看似十分缓慢，但在过去的40多年里，不论是从广度上还是深度上来看，面包身上所发生的变化都是空前仅有的。生物化学领域及有关烘焙行业的处理材料领域都在取得迅速进步，人们彼此之间交流与分享复杂信息的方式经历着革新性的变化，以及对自己盘中食物质量的兴趣似乎也在持续复苏，因此我认为我们是可以期待看到面包文化持续发生变化的。敏锐的见解将更多，思想上的碰撞也会更多，而由于面包实质上不过是水、面粉和发酵物的各种组合，因此想法上的交流越丰富，面包文化也就会变得越丰富。想要预测面包的发展程度是不可能的，但总的来说，我们正在进入一个对面包师来说激动人心的时代：在这个时代，面包的发展虽不可预测，但一定是朝着十分有趣的方向前进。

Bread

A GLOBAL HISTORY

食　谱

接下来，将阐述本书中提到的一些面包的制作方式，这些面包食谱很少被记录在其他烹饪书籍或食谱合集中。我与许多烹饪史领域的同事展开合作，他们认为通过进入厨房实际操作，可以帮助我们更好地感受食物的历史。本食谱的撰写假定您已经知道如何烤面包。如果有技术上的问题，可以向朋友咨询，或是参考最新的面包制作相关的书籍或网站。

面粉：作为面包师，我们很幸运。面粉质量比较稳定。制作面包时，我们不必担心可能会用到那些在田间已发芽、在仓库里已发霉或是在研磨前已遭昆虫严重破坏的谷物来制作面包；我们也不必用本地谷物来做面包，本地谷物也不一定是最合适的。我们买的面粉总是能展现出面包最好的一面。除了对我们有利的稳定性因素以外，现代面粉与工业革命前面包师能用到的质量最好的面粉之间，最大的区别在于，过去的面包师重视新鲜面粉，而今天的面包师则更欣赏至少陈化了六周的面粉。而且，家庭面包师在商店购买的许多面粉都是至少陈化了几周时间的。虽然我们的面包看起来总是质量最好，但味道可能还达不到最好。使用新鲜研磨的面粉烘焙出来的面包，其味道可以大幅提升，对于保留部分或全部麸皮的面粉尤其如此。

历史上，只有最贫穷的人才会用全麦面粉做面包。为了地道性，人们通常建议至少筛选出较大的麸皮，无论是购买的面粉还是自己研磨的面粉。在购买全麦面粉时，我建议购买粒度最粗的面粉，因为这种面粉麸皮更大，更容易筛选。

混合容器：做面包的标准混合容器是木槽或是木桶。虽说每次用完后会将其刮擦干净，但这些容器从来没有被彻底清洁过。因此，即使不添加其他的酵头，每做一批面包都会有助于制作下一批面包。如果没有可用的木碗，可以考虑用陶瓷或金属碗来做面包，碗里可以一直留一点儿干面团，以便制作下一批面包。这样，即使在制作发酵面团时，也能改善面包的风味。

酵母：在19世纪工厂生产酵母得到发展以前，面包师都是从酿酒师那里获得酵母。酵母泡沫（Barm）是在啤酒酿造过程中所丢弃的沉淀物，其中富含酵母，在19世纪下半叶以前，酵母泡沫是所有发酵面包配方中的首选。至少300年间，大多数酵母面包中一直存在一定程度的啤酒花风味，虽然味道并不明显。如果用真正的麦芽酒酵母的话，就能复原那种味道。如果你带个罐子，酿酒师通常都会很乐意给你酵母泡沫的。使用配方要求的干酵母重量的5—8倍的酵母泡沫。也就是说，如果配方要求使用7克（1包）干酵母，那就使用35—55克（1.25—2盎司）酵母泡沫。如果麦芽酒翻滚较强烈，那么不清洗酵母泡沫的话味道就可能会太苦了。清洗酵母泡沫——倒出沉淀物上方的液体，用大量的蒸馏水代替，搅拌，待酵母沉淀后将水倒出，再重复上述操作直至将酵母泡沫清洗到适宜的程度。

蛋糕酵母通常可以使面包具有浓郁而温和的味道。在干酵母中，尽量避免使用“即时”酵母，这种酵母中含有面团调理剂。本食谱中指定的干酵母都是非即时干酵母。

烤箱/烤炉：这些面包大多数是在用黏土、砖头或石头制成的柴火烤炉中烘焙而成的。烤炉的门通常是用湿黏土或灰烬与油脂的混合物进行密封，因此在烘烤过程中，烤炉内部是充满蒸汽的，这些水蒸气都是在面团烘焙时蒸发出来的。商用面包烤箱通常包括可以将蒸汽引入烘烤室的系统，家用烤箱中无法呈现这样的持续蒸汽。

如果可以的话，将面包放在烤石上烘焙，这样可以改善底部的面包皮。

劳工棚屋前的面包烤炉，墨西哥，约1914年。

由于在使用之前，会先将柴火烤炉中的火扑灭，因此在历史上，面包都是在无火的烤炉中烘焙的。我在部分食谱中效仿了无火的烤炉，因此建议在烤箱开始烘焙后调低烤箱温度。

无酵扁面包：用煎锅或余火进行烘焙

根据现今的考古学，至少在2万年前，用面包谷物制作的扁面包就已经广泛普及了，而用其他类型淀粉制成的扁面包则可以追溯到更早的时期。虽然没有具体的尺寸规定，但直径在10—12厘米（4—5英寸）的圆盘状总是可以做到的，其厚度在3—6毫米（0.125—0.25英寸）。这种扁面包是用小麦制作，并在高温表面上烘焙，比如燃烧的余火。这样一来，面包在烘焙时往往会膨胀成一个球，因此在内部形成空心。面包的厚薄程度不同，产生的味道和口感也不同。

我们常常使用煤气或电炉做饭，而非明火，因此与我们的直觉不同的是，一堆发光发热的余火其实是烘焙面包最理想的表面——灰烬不会沾上去，面包也不会烧起来，最终成果与高温柴火烤炉做出来的面包没有区别。在《旧约》《新约》以及《塔木德》（*Talmud*）中，提到了很多在余火上烘焙的面包或是“蛋糕”。

由于面包师并不是通过发酵来把控面团，因此对于无酵扁面包，其味道完全取决于面粉的味道。如果你用新鲜面粉来做扁面包，会有额外收获。在《荷马史诗》中可以看出，在古希腊，在烤面包的当天研磨面粉是一种习俗；而在如今印度北部的村庄，比如拉贾斯坦邦，这是标准操作。

在1千克（2.2磅）小麦或大麦面粉中加入足量的水，做成一个硬度适中的面团。揉捏至光滑，做成球状，放入容器中，盖上盖子，静置20分钟。将整个面团揉捏成多个重100—150克（4—6盎司）的球状小面团，压成薄片，在以下两种方式中选择一种进行烘焙：要么在高温煎锅上烘焙面团，然后直接用煤气炉收工，或是在仍发热的硬木余火上完成，记得经常转动面团，让蒸汽迫使面团膨胀，甚至可能膨胀成球；要么就是在高温（370—400℃/700—750℉）的柴火烤炉中进行烘焙，在面团固定后立刻转动，然后再选择性地进行转动，让面包内产生蒸汽防止燃烧。

完成后，面包上应该会有小小的棕色痕迹，甚至有一些烧焦的斑点。面包做好后，都堆在盘子上，并借用现代印度北部的方法，即刷上澄清的黄油（酥油）。如果面包并没有膨胀，要么是这些面团太厚，要么是余火或烤炉的温度不够高。

注意：扁面包也可以像无酵面包一样进行发酵和烘焙。酵母和酸面团都是制作扁面包的合适的发酵成分，分别都有自己的古老传统。

豆类面包：蚕豆、豌豆和鹰嘴豆

豆类与谷物大约在同一时期被人类培育。对那些买不起谷物面包的人来说，豆类是一种常见的面包替代品，也是面包阶级的最底层。用非谷物淀粉制作的面包的出现时间要早于谷物面包，因而从某种意义上来说，豆类面包也是最古老的面包传统的一部分。现在，豆类扁面包与欧洲的扁面包传统相去甚远，虽然意大利北部部分地区和法国邻近地区复兴了由鹰嘴豆制成的面糊烘烤的扁面包，比如意大利的鹰嘴豆面包（*torta di ceci*）和法国的玉米饼（*socca*），但除了这些以外，豆类扁面包已经不再是欧洲面包传统的一部分了，这着实是很不幸的事情，因为这些面包味道都很不错。使用豆类面粉的主要技术难点在于需要确保面粉彻底煮熟。

根据我的经验，如果可以自己研磨制作豆类面包所用的面粉，那么你将会有额外的收获，可以得到比袋装面粉更新鲜、更爽口的味道。如果选择自己研磨，记得要筛出较大的麸皮。除了印度以外，鹰嘴豆面粉在杂货店里是随处可见的。在印度，豆类面包很受欢迎，在印度移民居住的社区附近开设的杂货店，是最佳的商业面粉来源。根据所用的豆类面粉不同，做出来的豆类面包味道也非常不同。

19世纪中叶以前，英格兰北部、苏格兰和爱尔兰都有大量的文献，记载了用豆类面粉和大量粗糙的谷物面粉（如大麦、黑麦或小麦）混合制成的扁面包。将浓稠的面糊擀成薄薄的一层，就能做出美味的饼干；做厚一些，还能做成班诺克面包（bannock）或者司康饼（scone）。对于这种混合面粉，我建议豆类面粉与谷物面粉按照1∶1的比例混合。

将足够的水与500克（17盎司）干豌豆面粉、鹰嘴豆面粉或蚕豆面粉混合在一起，制成浓稠的糊状。冷水、热水，甚至沸水，都可以。如果使用沸水，需用木勺进行混合。让面团静置20分钟，之后面团如果太硬无法处理，再调整水量。将整个面团揉捏成多个重100—150克（4—6盎司）的球状小面团，用手压成圆盘状，然后再擀平。在温度适中的煎锅上烘焙，直至完全烘熟。较厚的面包可以直接在热灰烬中烘焙，也可以用卷心菜包裹起来后再烘焙。在今天的意大利，美味的鹰嘴豆煎饼是将大量的橄榄油烧至冒烟，再将鹰嘴豆面糊倒入高温煎锅中制成的。如果想要制作像欧洲更北部地区那样的面糊面包，就用更适合当地的食用油（如牛油、猪油或鸡油）。放好后就开始转动。厚厚的豆类面包最好是趁热吃。

掺杂豆类面粉的面包

在欧洲，豌豆面粉等豆类面粉是被用于抻松（掺杂）扁面包的。出于经济原因，人们将豆类面粉与粗粉度很高的谷物面粉混合在一起。尽管信息很少，但市面上有一份食谱建议——在加入面包谷物之前，先将豌豆面粉与刚煮沸的水混合在一起。这个配方要求豌豆面粉与黑麦面粉按照1∶4的比例混合，该配方来自亨利·贝斯特所著的《农场备忘录》。过去，春天快结束的时候，通常是农村粮食短缺的时期，因为冬季的储备粮已经用完，而农作物又尚未成熟。制作掺杂豆类面粉的面包是弥补家庭谷物短缺的一种手段。在这种情况下，如果做面包时总是掺入四分之一的豌豆面粉，就相当于增加了三个月的谷物库存量。此面包的制作方法大致可以遵循杰维斯·马卡姆在《英国家庭主妇》中所描述的制作黑面包的方法。

这种面包是用100克（3.5盎司）豌豆面粉和400克（14盎司）黑麦面粉制成的。如果选择自己研磨，记得将较大的麸皮筛掉。将350克（12盎司）水烧开，然后倒入豌豆面粉中。用木勺搅拌至充分混合后，选择性地加入5克（1茶匙）盐，搅拌，静置几分钟。趁热加入黑麦面粉并充分混合。等冷却到可以上手处理面团时，打湿双手，揉捏面团直至完全混合且外表光滑。找东西盖在面团上面，并将其放在温暖的地方等待酸化，通常需要24—36小时。如果没有变酸，再等久一点或者加点儿酵母。黑麦面团不会发酵，而是会变软。将面团放在撒有面粉的烤盘上，放入预热好的烤箱中，温度设置为230℃（450℉），烘焙1小时后，再调整到175℃（350℉），直到烤箱内部温度达到93℃（200℉），此时再烘焙1—2小时。如果是直接放在金属烤盘上烘烤，记得先刷一层油。较大的面包可能需要长达6小时的烘烤时间。如果不确定的话，可以多烤一会儿。最后，从烤箱中取出面包，底部朝上冷却。等待一到两天再切片。

基础马面包

这是一种给马吃的面包，但穷人也会吃这种面包，在食物匮乏的年代更为常见。为了获得最佳的风味，建议自己研磨全麦面粉，从中筛选出麸皮来制作面包。另外，也可以从购买的面粉中筛选出麸皮。直接购买麸皮也可以，但买来的麸皮会比自己筛选出来的要更纯净，这与自制的产品并不相同。

从小麦、黑麦或大麦中筛出250克（9盎司）麸皮，并加入250克（9盎司）水。让麸皮静置20分钟以吸收水分，然后加入150—250克（5—9盎司）黑麦面粉（如果需要的话，可以再额外加一些水），使麸皮可以黏在一起。揉捏至充分混合，且面团开始呈现出凝胶的滑溜感。如果是给马吃的话，现在可以立即烘焙了；如果是打算自己吃的话，还可以通过让面团变酸来改善一下风味，这一建议由出版商约翰·霍顿于17世纪晚期提出。要将面团酸化，需先静置

12—48小时。做成一条薄面包，静置几小时，然后放在撒有面粉的烤盘上，放入预热到适中温度的烤箱中，烘烤至熟透。这是一种美味的特色面包，可以代替桌上用作开胃小菜的德国粗黑麦面包。

黑麦面包

数百年来，黑麦在欧洲一直是仅次于小麦的第二大面包谷物，也是19世纪北美十分重要的谷物。曾经，我们现在称为“俄罗斯黑麦”的面包在整个欧洲都是广为人知的。用黑麦制作的面包种类繁多，可以制成全黑的黑面包，还可以制成像小麦粉一样白的面包。虽然黑麦确实含有麸质，但黑麦面粉发酵的化学性质却与小麦面粉的有所不同。“捕获空气”的结构是因酸化形成的，因此所有的黑麦面包都是酸发酵的。研磨度较精细的黑麦面粉所制成的黑麦面包确实会有“眼睛”的形状，这与小麦面包十分相似，但通常黑麦面包的面包屑中很少有明显的气孔。黑麦面团比用小麦面粉制成的面团也更容易酸化，因此不需要在面团中再加入酵头。根据面团的处理方式不同，最终面包的味道可能会从很甜到十分酸不等。这种配方往往会产生甜味的面包，因为湿热的初始发酵过程对乳酸菌有利，而非一些能产生更为酸性环境的细菌。

在欧洲的冬天，人们通常会将黑麦面包放在刚煮沸的水中，然后盖上布保温。我在本章所提供的食谱是基于马塞尔·马格特的研究。马格特有着忠实且准确的人种学研究，在20世纪50年代记录了位于法国阿尔卑斯山的村庄——比利亚阿雷内（*Villar d'Arène*）每年黑麦面包的烘焙情况。这种面包是用来长期保存的，而且也不含盐分。

使用1千克（2.2磅）黑麦面粉和600克（21盎司）沸水制作面团。将三分之一的面粉（333克/12盎司）放入碗中，从肩膀的高度倒下热水。用木勺或刮刀将其完全混合，然后用毛巾将碗包裹住，温度保持在22℃（72℉），直到开始变酸，通常需要12—24小时。面糊开始酸化后，用手混合剩余的面粉（666克/24盎司）。黑麦面团黏性很大。一旦完全混合，就用湿手揉捏几次，直至外表光滑。再盖上盖子静置12小时，以形成一个1千克（2.2磅）的面团，烘焙前，在温暖处放置2—4小时。按照豌豆/黑麦面包配方的烘焙程序进行处理，切面包前，至少先放置24小时，最好是两天。在至少两周的时间内，面包还会有所改善。如果你做的面包很大（如5千克/11磅），可以将其切分成几份晒干，然后再切成块，加水做成冷粥或者汤。

混合粉面包

混合粉面包通常是黑麦和小麦的一种混合物，法语叫作“*meteil*”，几个世纪以来，混合粉面包都是北欧乡村主要食用的面包。各种混合粉面包因为有着精美的风味而广泛受到赞赏。由于基本上没有限制谷物比例、面粉的精细程度及发酵方法之间要如何组合，因此对混合粉面包的试验探索是永无止境的。在18世纪，法国人根据黑麦与小麦的不同比例给各种类型的混合面粉起了不同的名字：高混合粉（2∶1）、普通混合粉（1∶1）和布勒拉姆混合粉（1∶8）。精细程度越低且黑麦占比越大的话，做出的面包就越紧密；而如果小麦占比越大，面团酸化的必要性就越低，因此用普通混合粉或布勒拉姆混合粉做的面包可以用酵母进行发酵。布勒拉姆混合粉中，黑麦的占比与乡村面包配方中要求的占比一致。

用1千克（2.2磅）普通混合粉、600—650克（21—23盎司）常温水、10克（2茶匙）盐和7克（2茶匙）非即时干酵母，制作出硬度适中的面团。加少量水进行再水化。将所有原料混合、揉捏，静置发酵至少4—5小时（面团会变软，如果用锋利的刀插进去，会有小气孔出现，但数量不会增倍），轻轻地排出空气，做成面包状，静置直至产生二次发酵，然后放在撒有面粉的烤盘上，放入预热好的烤箱中，温度设置为220℃（425℉），烘焙15分钟后将烤箱温度降至190℃（375℉），直至烤箱内部温度达到93℃（200℉），烘焙约1.5小时。如果是放在金属烤盘上烘焙，记得先刷一层油。面包体积越大，烘焙所需时间就越长。从烤箱中取出面包，底部朝上冷却。等待一到两天再切片。

芒切特面包

这是一种十分重要的白面包。这种面包的面团足够紧密，面团是用脚踩制的，或是将杆子通过支点固定到墙上，做成一个踏板，以此处理面团直至氧化。至少在几百年前，甚至更久以前，这是一种常见的精英面包。在法国，像现代法棍一样有着开放式面包屑、酥脆面包皮的面包，很可能在17世纪初期就开始取代这种风格的面包了，并且大概率是制成了非芒切特面包。从许多方面来说，芒切特面包与我们关系密切，是因为它在大多数面包选择中都明显缺席。

与法棍等现代面包一样，芒切特面包的食谱配方不是单一的。16世纪和17世纪出版的几种英语食谱中，每一份都不尽相同，不过每种配方做出来的芒切特面包都还不错。这是因为制作芒切特面包的决定性因素不在于发酵方法，也不在于其食谱配方，而在于水和面粉之间的基本组合关系，在于揉捏时的方式、烘焙的方式以及面包的形状，不过目前没有足够的文献证据能证明这种直觉是正确的。我在这里提供的配方是知名度最高的一个版本，即杰维斯·马卡姆在《英国家庭主妇》上发布的版本。

由于制作芒切特面包的面团并非是目前在英国或北美所流行使用的面团，因此很少有读者会对这种面包有所了解，即使是经常烘焙的那些人。你应该做的是要记录清楚所做的每一个步骤，特别是要记清楚往面粉里加了多少水，因为正是需要在这里做出相应调整，才能做得出可以端上伊丽莎白时代餐桌的面包。这种面包，其面团是太稠还是太稀，界线是很明确的。面包屑可以很紧密，但不能像黑面包那样紧密。在20世纪初期，英国面包食谱中要求水的含量需占面粉重量的50%。这是芒切特面包食谱长久以来的基本比例，但是现代的许多面粉要比近代早期那时的面粉吸水性更强，因此要做出相同的效果，可能需要多加一些水。卢宾·鲍金所画的《棋盘静物》中的那个面包就是芒切特面包的一种，尽管形状上与英格兰最常见的芒切特面包不太相同。面包从烤箱里端出来的时候应该看起来很白，就像盲烤法的面包一样。历史上，这种面包通常是用啤酒的酵母泡沫进行发酵，而且根据我的经验，使用啤酒酵母要比使用商业面包酵母味道更好。

在1千克（2.2磅）非漂白的白面粉中加入10克（2茶匙）盐、550克（19盎司）温水和7克（2茶匙）非即时干酵母，加少量水进行再水化。如果使用酵母泡沫，使用35—58克（2.5—4汤匙）即可。做成面团后，直接放在桌上，用手多次揉捏，然后用细长的擀面杖或直径为2.5厘米（1英寸）的木棍反复处理面团，用力压面团，在面团伸展开时将面团再折回来，直到感觉面团变得光滑有弹性为止。你可能不会注意到，面团在混合时应该会发生氧化，因而会变得很白。这可能需要一定的时间。面团做成球状，放入容器中，盖上盖子放在一边，等待面团发酵。面团发酵膨胀后，轻轻压出气体，做成两个大小相等的球状面团，并轻轻地压扁。用面团割刀或锋利的小刀从中间切开，再用尖刀在面包顶部至少戳6个孔，然后立刻放在撒有面粉的烤盘上，放入预热好的烤箱中，温度设置为135℃（275℉），烘焙约1小时。面包体积会变大，不过面包皮不要烤出焦黄色。等到第二天再吃。

白面包

现代三明治白面包，作为工业面包店的主要产品，是对数千年来精英餐桌上丰富面包的直接继承。虽然现代工业面包的洁白度和柔软度或许是民主化精英口味的反例，但现代手工面包师制作的工业三明治白面包，是一种富含牛奶甚至少量黄油的酵母白面包，在18世纪和19世纪早期的法国，被归类为“时尚面包”，法语叫作“*pain à la mode*”。这里所提供的食谱来自路易斯·利格尔所著的《乡村农舍》。如果条件允许的话，可以使用全脂生牛奶，因为生牛奶中的脂肪含量和细菌菌群有助于精确复刻这一面包。同样的面团也可以用于制作圆面包。

量出500克（1磅）面粉，取四分之一，即125克（4.5盎司），与130克（4.5盎司）牛奶在常温下混合；取4克（1茶匙）非即时干酵母与一些牛奶进行水合，加入7克（1.5茶匙）盐。盖上盖子，在温暖处放置1小时。将剩余的面粉和足量的常温水（约190克/5.5—7盎司）加入该酵头中，做成柔软的面团。搅拌至刚好，但不要揉捏。将面团分成几份，找一个木碗撒上面粉，然后将其放进去静置发酵。面团发酵膨胀后，拿出来放在烤盘上，放入预热好的烤箱中，烘焙约1小时。

磨皮圆面包

这份食谱并不是介绍如何制作任何面包或者圆面包的，相反，这份食谱介绍的是，面包或者圆面包在完成烘焙之后，端上精英餐桌（以及渴望成为精英餐桌的餐桌）之前，是如何进行准备的。包括烹饪书籍和文学作品在内的许多资料都证明，几个世纪以来，欧洲和少数北美的精英用餐者都不喜欢吃面包皮，他们更喜欢那些削掉或趁热磨去了面包皮的面包。因此，在近代早期的大多数面包食谱（1500—1800）中都会写道，“要削掉或磨去面包皮”，直到19世纪的北美也是如此。例如，玛丽·兰道夫所著的《弗吉尼亚家庭主妇》（*The Virginia Housewife*），其众多版本在美国内战以前都是很受欢迎的食谱，其中强调“烘焙面包时，一定要磨去面包皮”。最后一个磨皮圆面包食谱是由芬妮·法默所著，发布在20世纪美国食谱《波士顿烹饪学校食谱》（*The Boston Cooking-*

School Cookbook, 1924）之中，标题为“磨皮圆面包”。削磨面包为烹饪提供了源源不断的面包碎屑来源，也是早期食谱中经常提及的获取面包碎屑的方式。

所谓的削磨面包，就是趁热时，用刀削磨掉面包皮。一般认为面包皮难以消化，因此碎屑可作药用。这在一定程度上取决于食客对健康的看法，至少在18世纪之前是这样的。而在现代，削磨面包皮多以美学为主。想要找到最完美的磨刀，可能需要在众多刀具中找一把锋利度和重量都很称手的刀。制作磨皮圆面包，需先将圆面包放于高温烤箱中烘焙直至外表呈焦黄色。磨刀不能用刨丝器代替。在附近的五金店购买一把锉刀，趁圆面包还热时，将面包皮上的焦黄色磨掉，这样圆面包的颜色就是白色的了。有些面包师会把面包烤至深棕色，甚至接近烧焦的程度，以方便削磨，这也是我推荐的做法。芬妮·法默建议把磨过皮的圆面包再放回高温烤箱里烤5分钟，这种二次烘焙使剩下的面包皮进一步变脆，并修复损伤处。没有足够的证据可以证明这到底是一种标准做法还是一种新型操作，以掩饰技术不佳的面包师在打磨时犯的错漏。你会发现，削磨后的面包的视觉和口感效果还是不错的。有种摆放方法是将圆面包放在每个餐位上的白色亚麻布餐巾的褶裥里。如果使用现代三明治白面包的配方，或者任何不丰富的白色圆面包的配方，或许都做不出面包皮很硬的面包。

参考文献

Ashton, John, *The History of Bread from Pre-historic to Modern Times* (London, 1904)

Assire, Jérôme, *The Book of Bread* (London, 1996)

Bonnefons, Nicolas de, *Les delices de la campagne*, 2nd edn (Amsterdam, 1655)

Bottéro, Jean, *The Oldest Cuisine in the World: Cooking in Mesopotamia* (Chicago, IL, 2004)

Camporesi, Piero, *Bread of Dreams: Food and Fantasy in Early Modern Europe* (Cambridge, 1989)

Dalby, Andrew, *Empire of Pleasures: Luxury and Indulgence in the Roman World* (London and New York, 2000)

David, Elizabeth, *English Bread and Yeast Cookery* (New York, 1980)

Dupaigne, Bernard, *The History of Bread* (New York, 1999)

—, Georgette Soustelle, Monique de Fontanès, Jacques Barrau and Jean Marquis, *Le Pain* (Paris, 1979)

Estienne, Charles, *Maison rustique, or, The countrey farme*, trans. Richard Surflet, ed. Gervase Markham (London, 1616)

Husson, Camille, *Histoire du pain à toutes les époques et chez tous les peuples* (Tours, 1887)

Jacob, Heinrich Eduard, *Six Thousand Years of Bread: Its Holy and Unholy History* (New York, 1997)

Maget, Marcel, *Le pain anniversaire à Villard d'Arène en Oisans* (Paris, 1989)

Markham, Gervase, *Country Contentments: or, The Husbandsmans Recreations & The English Housewife* (London, 1615)

Parmentier, Antoine Augustin, *Avis aux bonnes ménagéres des villes et des campagnes, sur la meilleure manière de faire leur pain* (Paris, 1777)

致 谢

Jane Levi不仅是一位益友，她会耐心地倾听有关面包的故事，即使这时我早就该进入下一个话题了；她更是一位优秀的编辑，是她帮助我将原稿校对修改变成一本达到出版标准的书籍。

研究古时候的面包是专家们的领域，有时候我也会觉得过于深奥。Delwen Samuel在第1章帮助了我很多，对她的感激之情难以言表。我请她以读者的角度过目原稿的时候，我们还互不认识。这位古埃及谷物、啤酒及面包的学者极具想象力，做事一丝不苟，她会毫无保留地与我分享她所知道的知识，当她认为我搞错了某个地方时，她也会友好且得体地进行纠正。Ursula Heinzelmann在德国面包话题上给我提供了莫大的帮助；烘焙大师Craig Ponsford通读了最后一章，并对21世纪的面包烘焙产生了思考；青年古典文学学者

Sandy Connery在Athaneus的希腊文方面帮助良多。Rachel Lauden在时间上、看法上总会很慷慨大方，我与她聊面包这件事已经好多年了，这本书里的很多观点不是出自她，就是从与她的谈话中获得的启发。

本书（英文版）的出版人Michael Leaman是一位聪明敏锐的读者，他给我发了一系列有难度的审校意见。对他们来说，这本书现在已经是改善良多了。虽然在最后我可能还是错过了一个截稿日期，但他做到了优秀出版人应该做到的事，他给予书籍时间，让书籍变成自身独立。我的编辑是Martha Jay，与她共事我很愉快，她熟练地把文本打磨到最好的状态。